중학 연산의 빅데이터

빅터 연산

중학 연산의 **빅데이터**

빅터 연산

1-B

1-A

STRUCTURE

STEP 1

01 곱셈 기호의 생략 (1)

정답과 해설 | 2쪽

문자를 사용한 식에서 곱셈 기호 ×를 생략하여 간단히 나타내고, 다음과 같이 약속한다.

① (수)×(문자) ➡ 수는 문자 앞에 쓴다.   ⑥ $8 \times x = 8x$, $(-2) \times b = -2b$

② 1×(문자) 또는 -1×(문자) ➡ 1은 생략한다.   ⑥ $1 \times a = a$, $(-1) \times a = -a$

③ (문자)×(문자) ➡ 알파벳 순서로 쓴다.   ⑥ $b \times c = bc$, $x \times y = xy$

④ 같은 문자의 곱 ➡ 거듭제곱 꼴로 나타낸다.   ⑥ $x \times x \times x = x^3$, $a \times a \times b \times b = a^2b^2$

⑤ (괄호가 있는 식)×(수) ➡ 수를 괄호 앞에 쓴다.   ⑥ $(a+b) \times 3 = 3(a+b)$

참고 0.1, 0.01 등과 같은 소수와 문자의 곱에서는 1을 생략하지 않는다.

⑥ $0.1 \times x = 0.x(\times)$, $0.1 \times \frac{1}{10} \times x = \frac{1}{10}x = 0.1x(\bigcirc)$

○ 다음 식을 곱셈 기호 ×를 생략하여 나타내시오.

1-1 $a \times 3$

1-2 $(-1) \times b$

1-3 $y \times (-5)$

2-1 $\frac{1}{2} \times a$

2-2 $y \times \left(-\frac{2}{3}\right)$

2-3 $0.01 \times x$

3-1 $x \times a \times b = a \times b \times x$
$= \boxed{}$

같은 문자끼리의 곱은 거듭제곱 꼴로 나타낸다.

3-2 $x \times y \times z$

3-3 $c \times a$

4-1 $a \times a \times a$

4-2 $c \times c$

4-3 $x \times x \times y \times y \times y$

5-1 $(-8) \times (x+y)$

5-2 $(a-b) \times \frac{1}{4}$

5-3 $(x-2) \times (-3)$

핵심 체크
- (수)×(문자), (문자)×(문자)에서 곱셈 기호 ×를 생략할 수 있다.
- 수는 문자 앞에 쓰고, 문자끼리는 알파벳 순서로 쓴다.

---

02 곱셈 기호의 생략 (2)

정답과 해설 | 2쪽

① 수와 여러 문자의 곱에서는 부호 ➡ 수 ➡ 문자 순으로 정리한다. 이때 문자는 알파벳 순서로 쓴다.

수는 문자 앞에 / 같은 문자의 곱은 거듭제곱 꼴로

$a \times (-2) \times b \times a = -2a^2 b$

부호는 앞으로 / 문자는 알파벳 순으로

② ×는 생략하고, $+$, $-$는 그대로 둔다.

$a \times 5 + b \times (-1) = 5 \times a + (-1) \times b = 5a - b$

덧셈, 뺄셈 기호는 생략할 수 없다.

○ 다음 식을 곱셈 기호 ×를 생략하여 나타내시오.

1-1 $x \times y \times 7 = 7 \times x \times y = \boxed{}$
수는 문자 앞에

1-2 $m \times 2 \times n$

2-1 $(-4) \times a \times a$

2-2 $x \times 3 \times x \times y \times y$

3-1 $y \times (-0.1) \times x$

3-2 $x \times x \times a \times 7 \times x$

4-1 $x \times (-1) - 6 \times y = (-1) \times x - 6 \times y$
$= \boxed{}$

4-2 $8 \times a + b \times 3$

5-1 $15 - y \times 7 \times y$

5-2 $6 + x \times x \times x$

6-1 $b \times a \times 2 + c \times (-1)$

6-2 $(a-5) \times \frac{1}{3} + b$

핵심 체크
문자를 사용한 식에서 곱셈 기호를 생략하여 나타낼 때 부호 ➡ 수 ➡ 문자 순으로 정리한다.
이때 문자는 알파벳 순서로 쓴다.

STEP 1 개념 정리 & 연산 반복 학습

주제별로 반드시 알아야 할 기본 개념과 원리가 자세히 설명되어 있습니다.

연산의 원리를 쉽고 재미있게 이해하도록 하였습니다.

가장 기본적인 문제를 반복적으로 풀어 개념을 확실하게 이해하도록 하였습니다.

핵심 체크 코너에서 개념을 다시 한번 되짚어 주고 틀리기 쉬운 예를 제시하였습니다.

STEP 2 1. 문자와 식

기본연산 집중연습 | 17~20

1. 재민이가 옳게 계산된 식이 적혀 있는 문을 통과하여 도착하는 곳에 있는 돈을 다음 달 용돈으로 받기로 하였다. 재민이가 다음 달에 받게 되는 용돈을 말하시오.

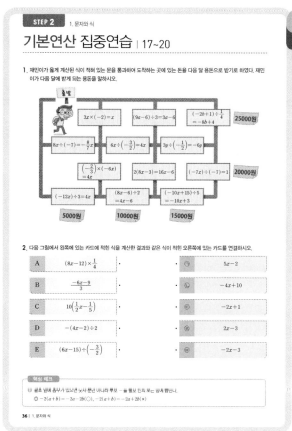

2. 다음 그림에서 왼쪽에 있는 카드에 적힌 식을 계산한 결과와 같은 식이 적힌 오른쪽에 있는 카드를 연결하시오.

A	$(8x-12) \times \dfrac{1}{4}$	·	㉠	$5x-2$
B	$\dfrac{-6x-9}{3}$	·	㉡	$-4x+10$
C	$10\left(\dfrac{1}{2}x - \dfrac{1}{5}\right)$	·	㉢	$-2x+1$
D	$-(4x-2) \div 2$	·	㉣	$2x-3$
E	$(6x-15) \div \left(-\dfrac{3}{2}\right)$	·	㉤	$-2x-3$

핵심 체크
❶ 괄호 앞에 음수가 있으면 각 항의 부호 바뀌어 괄호 밖으로 ─를 괄호 안 친회 모두 부호 바뀐다.
　　$-2(a+b)=-2a-2b(\bigcirc)$, $-2(a+b)=-2a+2b(\times)$

36 | 1. 문자와 식

STEP 2 기본연산 집중연습
다양한 형태의 문제로 쉽고 재미있게 연산을 학습하면서
실력을 쌓을 수 있도록 구성하였습니다.

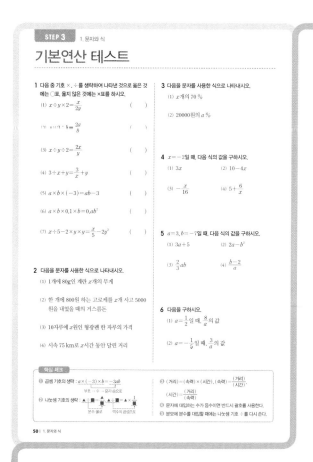

STEP 3 기본연산 테스트
중단원별로 실력을 테스트할 수 있도록 구성하였습니다.

| 빅터 연산 **공부 계획표** |

1

문자와 식

옛날부터 수학자들은 문자를 사용하여 복잡한 식을 간단히 나타내려고 노력하였다.
고대 그리스의 수학자 디오판토스가 사용한 수식부터 지금과 같은 형태의
수식이 완성되기까지 1800년 이상의 오랜 세월이 걸렸다.
디오판토스(Diophantos ; ?200~?284)는 미지수, 뺄셈, 등식, 역수 등에
문자나 기호를 사용하였고, **비에트**(Viéte, F. ; 1540~1603)는 미지수와 상수를
구별하기 위해서 미지수는 알파벳의 모음(A, E, I, O, U)으로, 상수는 알파벳의
자음으로 사용하였다. **데카르트**(Descartes, R. ; 1596~1650)는 기호법을
완성하고 거듭제곱의 표기를 단순화하였다.

x의 제곱, x의 세제곱을
이렇게 나타내면 되겠군.

01 곱셈 기호의 생략(1)

정답과 해설 | 2쪽

문자를 사용한 식에서 곱셈 기호 ×를 생략하여 간단히 나타내고, 다음과 같이 약속한다.

❶ (수)×(문자) ➡ 수는 문자 앞에 쓴다. 예 $8 \times x = 8x$, $(-2) \times b = -2b$

❷ $1 \times$(문자) 또는 $-1 \times$(문자) ➡ 1은 생략한다. 예 $1 \times a = a$, $(-1) \times a = -a$

❸ (문자)×(문자) ➡ 알파벳 순서로 쓴다. 예 $b \times a \times c = abc$, $x \times y = xy$

❹ 같은 문자의 곱 ➡ 거듭제곱 꼴로 나타낸다. 예 $x \times x \times x = x^3$, $a \times a \times a \times b \times b = a^3 b^2$

❺ (괄호가 있는 식)×(수) ➡ 수를 괄호 앞에 쓴다. 예 $(a+b) \times 3 = 3(a+b)$

참고 0.1, 0.01 등과 같은 소수와 문자의 곱에서는 1을 생략하지 않는다.

예 $0.1 \times x = 0.x (\times)$, $0.1 \times x = \dfrac{1}{10} \times x = \dfrac{1}{10}x = 0.1x (\bigcirc)$

○ 다음 식을 곱셈 기호 ×를 생략하여 나타내시오.

1-1 $a \times 3$

1-2 $(-1) \times b$

1-3 $y \times (-5)$

2-1 $\dfrac{1}{2} \times a$

2-2 $y \times \left(-\dfrac{2}{3}\right)$

2-3 $0.01 \times x$

3-1 $\begin{aligned} x \times a \times b &= a \times b \times x \\ &= \boxed{} \end{aligned}$

3-2 $x \times y \times z$

3-3 $c \times a$

 같은 문자끼리는 거듭제곱 꼴로 나타내면 돼.

4-1 $a \times a \times a$

4-2 $c \times c$

4-3 $x \times x \times y \times y \times y$

5-1 $(-8) \times (x+y)$

5-2 $(a-b) \times \dfrac{1}{4}$

5-3 $(x-2) \times (-3)$

핵심 체크

• (수)×(문자), (문자)×(문자)에서 곱셈 기호 ×를 생략할 수 있다.

• 수는 문자 앞에 쓰고, 문자끼리는 알파벳 순서로 쓴다.

02 곱셈 기호의 생략(2)

정답과 해설 | **2**쪽

❶ 수와 여러 문자의 곱에서는 부호 ➡ 수 ➡ 문자 순으로 정리한다. 이때 문자는 알파벳 순서로 쓴다.

수는 문자 앞에 ➡   ➡ 같은 문자의 곱은 거듭제곱 꼴로

$$a \times (-2) \times b \times a = -2a^2b$$

↳ 문자는 알파벳 순으로

❷ ×는 생략하고, +, −는 그대로 둔다.

$$a \times 5 + b \times (-1) = 5 \times a + (-1) \times b = 5a - b$$

덧셈, 뺄셈 기호는 생략할 수 없어.

○ 다음 식을 곱셈 기호 ×를 생략하여 나타내시오.

1-1 $x \times y \times 7 = 7 \times x \times y = \boxed{}$

└─ 수는 문자 앞에

1-2 $m \times 2 \times n$ _____

2-1 $(-4) \times a \times a$ _____

2-2 $x \times 3 \times x \times y \times y$ _____

3-1 $y \times (-0.1) \times x$ _____

3-2 $x \times x \times a \times 7 \times x$ _____

4-1 $x \times (-1) - 6 \times y = (-1) \times x - 6 \times y$
$= \boxed{}$

4-2 $8 \times a + b \times 3$ _____

5-1 $15 - y \times 7 \times y$ _____

5-2 $6 + x \times x \times x$ _____

6-1 $b \times a \times 2 + c \times (-1)$ _____

6-2 $(a-5) \times \dfrac{1}{3} + b$ _____

핵심 체크

문자를 사용한 식에서 곱셈 기호를 생략하여 나타낼 때 부호 ➡ 수 ➡ 문자 순으로 정리한다.
이때 문자는 알파벳 순서로 쓴다.

03 나눗셈 기호의 생략

① ▲ ÷ ■ = $\dfrac{▲}{■}$

➡ 나눗셈 기호 ÷를 생략하고 분수 꼴로 나타낸다.

분자
$a ÷ 5 = \dfrac{a}{5}$
분모

② ▲ ÷ ■ = ▲ × $\dfrac{1}{■}$ = $\dfrac{▲}{■}$

➡ 나눗셈을 역수의 곱셈으로 바꾼 후 곱셈 기호를 생략한다.

역수
$a ÷ 5 = a × \dfrac{1}{5} = \dfrac{1}{5}a$
나눗셈을 곱셈으로

참고 $a ÷ (-3) = \dfrac{a}{-3} = -\dfrac{a}{3}$ 또는 $a ÷ (-3) = a × \left(-\dfrac{1}{3}\right) = -\dfrac{1}{3}a$

$a ÷ 1 = \dfrac{a}{1} = a$, $a ÷ (-1) = \dfrac{a}{-1} = -a$

— 부호는 분수 앞에 쓴다.

○ 다음 식을 나눗셈 기호 ÷를 생략하여 나타내시오.

1-1
$$y ÷ (-2) = y × \left(-\dfrac{1}{\boxed{}}\right)$$
$$= \boxed{}$$

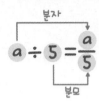
괄호가 있는 식은 하나의 문자로 생각해.

1-2 $(-6) ÷ a$

_____

1-3 $x ÷ \left(-\dfrac{1}{4}\right)$

_____

2-1 $(a+b) ÷ 7$

_____

2-2 $1 ÷ (a-b)$

_____

2-3 $a ÷ (x-y)$

_____

3-1
$$a ÷ b ÷ c = a × \dfrac{1}{b} × \dfrac{1}{c}$$
$$= \boxed{}$$

3-2 $(-1) ÷ x ÷ y$

_____

3-3 $a ÷ 9 ÷ (b+c)$

_____

4-1 $a ÷ \dfrac{1}{b} ÷ c$

_____

4-2 $a ÷ \dfrac{1}{b} ÷ \dfrac{1}{c}$

_____

4-3 $x ÷ \left(-\dfrac{1}{6}\right) ÷ y$

_____

핵심 체크

나눗셈 기호의 생략에서 역수를 구할 때 주의한다.

예 $a ÷ \dfrac{3}{2}b = a × \dfrac{2}{3}b \ (×)$, $a ÷ \dfrac{3}{2}b = a ÷ \dfrac{3b}{2} = a × \dfrac{2}{3b} \ (○)$

04 곱셈, 나눗셈 기호의 생략

① ×, ÷가 섞여 있는 경우
➡ 앞에서부터 차례대로 ×, ÷ 기호를 생략한다.

$$x \times y \div 7 = xy \div 7 = \frac{xy}{7}$$

$$a \div b \times c = \frac{a}{b} \times c = \frac{ac}{b}$$

② 괄호가 있는 경우
➡ 괄호 안의 기호를 먼저 생략한다.

$$x \div (y \div z) = x \div \frac{y}{z}$$
$$= x \times \frac{z}{y}$$
$$= \frac{xz}{y}$$

○ 다음 식을 기호 ×, ÷를 생략하여 나타내시오.

1-1 $4 \div x \times y = 4 \times \dfrac{1}{x} \times y$

$=\boxed{}$

1-2 $a \div 5 \times b$

1-3 $a \times b \div (-3)$

2-1 $x \times (-y) \div 2$

2-2 $a \div b \times c \div d$

2-3 $5 \times (x - 2y) \div 3$

3-1 $a \times (b \div c) = a \times \dfrac{b}{c}$

$=\boxed{}$

3-2 $x \div (y \times z)$

3-3 $a \div \left(\dfrac{1}{b} \times c \right)$

4-1 $a \div (b \div c)$

4-2 $x \div (10 \div y)$

4-3 $x \div \left(\dfrac{1}{y} \div z \right)$

5-1 $a \times 3 \div (b \times b)$

5-2 $5 \times y \div (x \div 6)$

5-3 $(a \times b) \div (c \times d)$

핵심 체크

· $a \div b \times c = \dfrac{a}{b} \times c = \dfrac{ac}{b}$

　나눗셈 기호를 먼저 생략한다.

· $a \div (b \times c) = a \div bc = \dfrac{a}{bc}$

　괄호 안의 곱셈 기호를 먼저 생략한다.

04 곱셈, 나눗셈 기호의 생략

○ 다음 식을 기호 ×, ÷를 생략하여 나타내시오.

6-1 $2 \div a - b \div 5 = \dfrac{2}{a} - \boxed{}$

6-2 $100 - a \div b$ _____

7-1 $x \div 4 - y$ _____

7-2 $a \div b + c \div 8$ _____

8-1 $y \div (-6) + 4 \times x$ _____

8-2 $a \div 8 + b \times 9$ _____

9-1 $m \times m - m \div 10$ _____

9-2 $x \times x + y \div (-5)$ _____

10-1 $x \div (-2) - y \times 3$ _____

10-2 $a \times a - a \times b \div c$ _____

11-1 $(a+b) \times (-1) + c \times c$ _____

11-2 $b \times b \times 5 \times b - (-0.1) \times a$ _____

12-1 $10 \div a - 8 \times a \times a$ _____

12-2 $x \times (-7) + (a+b) \div 3$ _____

13-1 $6 + a \div (5 \times b)$ _____

13-2 $(a-b) \times (-2) + a \times (-1) \div b$ _____

> **핵심 체크**
>
> 문자를 사용한 식에서 $+$, $-$, $\times$, $\div$ 기호가 섞여 있는 경우 곱셈 기호와 나눗셈 기호는 생략하고, 덧셈 기호와 뺄셈 기호는 그대로 둔다.
>
> 예 $4 \times a - b \div 3 = 4a - \dfrac{b}{3}$

05 곱셈, 나눗셈 기호 살리기

$\times$, $\div$ 기호가 생략된 식을 다시 $\times$, $\div$ 기호를 사용하여 나타낼 수 있다.

① $2ab = 2 \times a \times b$ ← 수와 문자, 문자와 문자 사이에 곱셈 기호를 쓴다.

② 분수 꼴은 나눗셈 기호가 생략된 것이다. ➡ $\dfrac{b}{a} = b \div a$
      분자 분모

식의 값을 구할 때 필요한 과정이니 확실히 연습해 두자.

○ 다음 식을 기호 $\times$, $\div$를 사용하여 나타내시오.

1-1 $5x = 5 \times \boxed{}$ 　　**1-2** $-2x$ _____ 　　**1-3** $-\dfrac{1}{3}x$ _____

2-1 $3xy$ _____ 　　**2-2** $-2ab$ _____ 　　**2-3** $5x^2$ _____

3-1 $-3y^2$ _____ 　　**3-2** $2ab^2$ _____ 　　**3-3** $-4x^2y$ _____

4-1 $\dfrac{xy}{7}$ _____ 　　**4-2** $\dfrac{5b}{a}$ _____ 　　**4-3** $\dfrac{3x}{y}$ _____

5-1 $\dfrac{a-b}{5}$ _____ 　　**5-2** $9+7a$ _____ 　　**5-3** $2x-3y$ _____

핵심 체크

$\times$, $\div$ 기호가 생략된 식을 다시 $\times$, $\div$ 기호를 사용하여 나타낼 때 수와 문자, 문자와 문자 사이에 $\times$, $\div$ 기호를 쓴다.

기본연산 집중연습 | 01~05

○ 다음 식을 곱셈 기호 ×를 생략하여 나타내시오.

1-1 $x \times 0.3$

1-2 $a \times (-6)$

1-3 $a \times 4 \times b$

1-4 $x \times (-2) \times x$

1-5 $6 \times (x+2)$

1-6 $(x+y) \times 8 \times a$

1-7 $10 - a \times a \times 8$

1-8 $x \times (-2) - 5 \times y$

1-9 $x \times x - x \times 3 \times y$

○ 다음 식을 나눗셈 기호 ÷를 생략하여 나타내시오.

2-1 $x \div \dfrac{1}{2}$

2-2 $a \div (-7)$

2-3 $(3x-5) \div 4$

2-4 $a \div (x+y)$

2-5 $a \div 2 \div b$

2-6 $a \div \left(-\dfrac{1}{3}\right) \div \dfrac{1}{b}$

○ 다음 식을 기호 ×, ÷를 생략하여 나타내시오.

3-1 $a \div (-1) \times b$

3-2 $3 \div (b \times a)$

3-3 $x \div (8 \div y)$

3-4 $a \times a \div 7 \times b$

3-5 $x \div 3 \times 2 \div y$

3-6 $(x-y) \div 5 \times a$

3-7 $-3 \div a - b \times 4$

3-8 $a \div 9 + 4 \div b$

3-9 $a \times (-6) - (a+b) \div 3$

핵심 체크

① 곱셈 기호 × 생략

　(i) 수는 문자 앞에　　(ii) 문자끼리의 곱은 알파벳 순서로　　(iii) 같은 문자의 곱은 거듭제곱 꼴로

② 나눗셈 기호 ÷ 생략 : 분수 꼴로 나타내거나 역수의 곱셈으로 바꿔서 곱셈 기호 ×를 생략한다.

1 문자와 식

○ 다음 중 팻말에 적힌 식이 옳은 것에 ○표를 하시오.

4-1

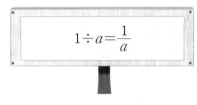

$0.1 \times b = 0.b$

(   )

$1 \div a = \dfrac{1}{a}$

(   )

$1 \times x = 1x$

(   )

4-2

$x \times x = 2x$

(   )

$a \div b = \dfrac{a}{b}$

(   )

$(a+b) \div 5 = \dfrac{a}{5} + b$

(   )

4-3

$a \times 0.1 \times b = 0.ab$

(   )

$x \times y \div z = \dfrac{xy}{z}$

(   )

$a \div (b \div c) = \dfrac{a}{bc}$

(   )

4-4

$(x-y) \div 2 = \dfrac{x-y}{2}$

(   )

$x \times y \times x \times (-2) = x^2 y - 2$

(   )

$a - 5 \div b \div c = \dfrac{a-5}{bc}$

(   )

4-5

$-0.1 \times x = -0.1x$

(   )

$x \times (-2) = x - 2$

(   )

$a \div b \times c = \dfrac{a}{bc}$

(   )

핵심 체크

❸ +, − 기호는 생략하지 않는다.

❹ 1 또는 −1과 문자의 곱에서 1은 생략한다.

❺ 괄호가 있는 경우 괄호 안의 기호를 먼저 생략한다.

1. 문자와 식 | **13**

06 문자를 사용한 식 (1) : 수

① 문자의 사용 : 문자를 사용하면 어떤 수량 사이의 관계를 식으로 간단히 나타낼 수 있다.

② 문자를 사용하여 식 세우기

   (i) 문제의 뜻을 파악하여 규칙을 찾는다.

   (ii) 문자를 사용하여 (i)의 규칙에 맞도록 식을 세운다.

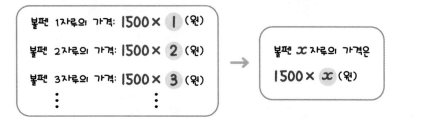

 문자를 사용한 식으로 나타낼 때 단위가 있으면 반드시 단위를 쓰자.

○ 다음을 문자를 사용한 식으로 나타내시오.

1-1 한 개에 200 g인 공 x개의 무게

   ➡ (공 1개의 무게)×(공의 개수)

     $=200×$☐

     $=$☐ (g)

1-2 한 자루에 x원인 연필 5자루의 가격

   _____

2-1 한 권에 700원인 공책 x권의 가격

   _____

2-2 한 개에 1200원인 아이스크림 a개의 가격

   _____

3-1 현재 x살인 보검이의 3년 후의 나이

   ➡ (현재의 나이)+3=☐ (살)

3-2 현재 a살인 유정이의 5년 전의 나이

   _____

4-1 현재 10살인 수연이의 a년 전의 나이

   _____

4-2 현재 14살인 현준이의 x년 후의 나이

   _____

핵심 체크

• (물건의 가격)＝(물건 1개의 가격)×(물건의 개수)

• (현재 a살인 지영이의 b년 후의 나이)＝$a+b$(살), (현재 a살인 지영이의 c년 전의 나이)＝$a-c$(살)

○ 다음을 문자를 사용한 식으로 나타내시오.

5-1
> 1개에 y원인 지우개를 3개 사고 5000원을
> 내었을 때의 거스름돈
> ➡ (거스름돈)＝(지불 금액)－(물건의 값)
> ＝5000－ ☐ (원)

5-2 한 개에 2500원인 샌드위치를 x개 사고
10000원을 내었을 때의 거스름돈

_____

6-1 1200원짜리 초콜릿 x개를 사고 6000원을 내
었을 때의 거스름돈

_____

6-2 한 개에 a원인 과자 5개를 사고 10000원을 내
었을 때의 거스름돈

_____

7-1
> a개에 5000원인 만두 한 개의 가격
> ➡ (만두 a개의 가격)÷(만두의 개수)
> ＝5000÷ ☐ ＝ $\dfrac{5000}{☐}$ (원)

7-2 스티커 4장의 가격이 x원일 때, 스티커 한 장의
가격

_____

8-1 12자루에 y원인 연필 한 자루의 가격

_____

8-2 b개에 8000원인 열쇠고리 한 개의 가격

_____

9-1
> 500원짜리 스티커 x개와 1000원짜리 스티
> 커 y개의 가격
> ➡ 500× ☐ ＋1000× ☐ ＝ ☐ (원)

9-2 한 권에 x원인 공책 5권과 한 자루에 y원인 볼
펜 한 자루의 가격

_____

10-1 입장료가 성인 1명당 2000원, 청소년 1명당
1500원일 때, 성인 x명과 청소년 y명의 입장료
의 합

_____

10-2 입장료가 성인 1명당 a원, 청소년 1명당 b원일
때, 성인 4명과 청소년 3명의 입장료의 합

_____

> **핵심 체크**
> • (거스름돈)＝(지불 금액)－(물건의 값)
> • (물건 1개의 값)＝(총 물건의 값)÷(물건의 개수)

07 문자를 사용한 식 (2) : 도형

정답과 해설 | **3**쪽

1. (직사각형의 둘레의 길이)$=2\times\{$(가로의 길이)$+$(세로의 길이)$\}$

2. (삼각형의 넓이)$=\dfrac{1}{2}\times$(밑변의 길이)$\times$(높이)

3. (직사각형의 넓이)$=$(가로의 길이)$\times$(세로의 길이)

4. (사다리꼴의 넓이)$=\dfrac{1}{2}\times\{$(윗변의 길이)$+$(아랫변의 길이)$\}\times$(높이)

○ 다음을 문자를 사용한 식으로 나타내시오.

1-1 한 변의 길이가 a cm인 정삼각형의 둘레의 길이

➡ $a\times3=\boxed{}$ (cm)

1-2 한 변의 길이가 x cm인 정사각형의 둘레의 길이

_____

2-1 가로의 길이가 x cm, 세로의 길이가 y cm인 직사각형의 넓이

_____

2-2 한 변의 길이가 x cm인 정사각형의 넓이

_____

3-1 밑변의 길이가 a cm, 높이가 h cm인 삼각형의 넓이

_____

3-2 윗변의 길이가 3 cm, 아랫변의 길이가 b cm, 높이가 h cm인 사다리꼴의 넓이

_____

4-1 한 모서리의 길이가 x cm인 정육면체의 부피

_____

4-2 가로의 길이, 세로의 길이가 각각 a cm, b cm이고 높이가 c cm인 직육면체의 부피

_____

5-1 밑변의 길이가 a cm, 높이가 h cm인 평행사변형의 넓이

_____

5-2 반지름의 길이가 r cm인 원의 둘레의 길이

_____

핵심 체크

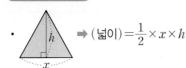 ➡ (넓이)$=\dfrac{1}{2}\times x\times h$

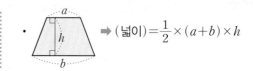 ➡ (넓이)$=\dfrac{1}{2}\times(a+b)\times h$

---

08 문자를 사용한 식 (3) : 수량 변화

정답과 해설 | **3**쪽

a분$=\dfrac{a}{60}$시간	$x\%=\dfrac{x}{100}$	$x\,\text{cm}=\dfrac{x}{100}\,\text{m}$
15분$=\dfrac{15}{60}$시간$=\dfrac{1}{4}$시간	$20\%=\dfrac{20}{100}=0.2$	$20\,\text{cm}=\dfrac{20}{100}\,\text{m}=0.2\,\text{m}$

○ 다음을 문자를 사용한 식으로 나타내시오.

1-1 x시간 30분은 ($\boxed{}+30$)분이다.

1-2 x분 20초는 ($\boxed{}+20$)초이다.

2-1 $a\,\text{km}=\boxed{}\text{m},\ 10\,\text{cm}=\boxed{}\text{m}$

2-2 $b\,\text{m}\ 50\,\text{cm}$는 ($\boxed{}+50$) cm이다.

3-1 $\boxed{300\text{원의 } x\% \ \Rightarrow\ 300\times\dfrac{\boxed{}}{100}=\boxed{}\text{(원)}}$

3-2 900원의 $x\%$ _____

4-1 800 m의 $a\%$ _____

4-2 200 cm의 $b\%$ _____

5-1 100명의 $x\%$ _____

5-2 1200원의 $y\%$ _____

6-1 x원의 10 % _____

6-2 $a\,\text{kg}$의 15 % _____

핵심 체크

• 1시간=60분, 1분=60초

• x의 $a\% \ \Rightarrow\ \dfrac{a}{100}x$

• 1 m=100 cm, 1 km=1000 m

• 1 kg=1000 g

09 문자를 사용한 식(4) : 거리, 속력, 시간

정답과 해설 | **3**쪽

(거리)=(속력)×(시간), (속력)=$\dfrac{(거리)}{(시간)}$, (시간)=$\dfrac{(거리)}{(속력)}$

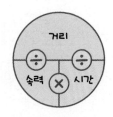

예 소현이가 4 km의 거리를 a시간 동안 갔을 때의 속력은

➡ (속력)=$\dfrac{(거리)}{(시간)}$=$\dfrac{4}{a}$이므로 시속 $\dfrac{4}{a}$ km

---

○ 다음을 문자를 사용한 식으로 나타내시오.

1-1
시속 80 km로 달리는 버스가 a시간 동안 간 거리

➡ (거리)=(속력)×(시간)
　　　=80×$\boxed{}$=$\boxed{}$ (km)

1-2 시속 x km로 달리는 버스가 3시간 동안 간 거리

_____

2-1 시속 x km로 2시간 동안 걸었을 때 이동한 거리

_____

2-2 자동차가 시속 100 km로 x시간 동안 이동한 거리

_____

3-1
x시간 동안 10 km를 일정한 속력으로 걸었을 때의 속력

➡ (속력)=$\dfrac{(거리)}{(시간)}$=$\boxed{}$

∴ 시속 $\boxed{}$ km

3-2 5시간 동안 y km를 일정한 속력으로 걸었을 때의 속력

_____

4-1
시속 60 km로 달리는 자동차가 x km를 이동하는 데 걸리는 시간

➡ (시간)=$\dfrac{(거리)}{(속력)}$=$\boxed{}$ (시간)

4-2 시속 100 km로 달리는 자동차가 y km를 이동하는 데 걸리는 시간

_____

> **핵심 체크**
>
> • 시속 80 km ➡ 1시간에 80 km를 간다.
> • 시속 x km ➡ 1시간에 x km를 간다.

기본연산 집중연습 | 06~09

정답과 해설 | 3쪽

○ 다음을 문자를 사용한 식으로 나타내시오.

1-1 한 자루에 600원인 연필 x자루의 가격

1-2 10권에 y원인 공책 한 권의 가격

1-3 한 개에 a원인 음료수 3개와 한 개에 b원인 빵 5개의 가격

1-4 한 개에 1500원인 핫도그 x개를 사고 20000원을 내었을 때의 거스름돈

1-5 가로의 길이가 6 cm, 세로의 길이가 a cm인 직사각형의 둘레의 길이

1-6 한 모서리의 길이가 a cm인 정육면체의 겉넓이

1-7 a원의 40 %

1-8 30000원의 x %

1-9 시속 100 km로 달리는 자동차가 t시간 동안 간 거리

1-10 80 km의 거리를 시속 x km로 달려갈 때, 걸리는 시간

핵심 체크

❶ 단위를 포함하고 있는 문장을 식으로 나타낼 때, 단위에 주의한다.

❷ (물건의 가격) = (물건 1개의 가격) × (물건의 개수)

❸ (거스름돈) = (지불 금액) − (물건의 값)

❹ (거리) = (속력) × (시간), (시간) = $\dfrac{(거리)}{(속력)}$

10 식의 값(1)

정답과 해설 | **4**쪽

❶ 대입 : 문자를 사용한 식에서 문자를 어떤 수로 바꾸어 넣는 것

❷ 식의 값 : 문자에 수를 대입하여 계산한 값

| $a=2$일 때, $5a+3$의 값 구하기 |

곱셈 기호를 살린다.

$$5a+3=5\times a+3=5\times 2+3=10+3=13$$

$a=2$를 대입   식의 값

○ $x=3$일 때, 다음 식의 값을 구하시오.

1-1
$$6-4x=6-4\times x$$
$$=6-4\times \boxed{}=\boxed{}$$
$x=3$을 대입

1-2 $2x+1$ _____

2-1 $10-3x$ _____

2-2 $\dfrac{1}{3}x-2$ _____

3-1 $\dfrac{x+1}{2}$ _____

3-2 $1-\dfrac{x}{3}$ _____

○ $a=\dfrac{1}{2}$일 때, 다음 식의 값을 구하시오.

4-1
$$2a+7=2\times a+7$$
$$=2\times \boxed{}+7=\boxed{}$$

4-2 $-4-2a$ _____

5-1 $6a+7$ _____

5-2 $-4a-3$ _____

6-1 $\dfrac{1}{2}a+\dfrac{3}{4}$ _____

6-2 $-\dfrac{1}{3}a+\dfrac{5}{6}$ _____

핵심 체크

식의 값을 구하는 방법

① 주어진 식에서 생략된 기호 × 를 살려서 식을 나타낸다. ➡ ② 문자에 주어진 수를 대입하여 계산한다.

11 식의 값 (2)

> $x=-3$일 때, $5x+4$의 값 구하기

곱셈 기호를 살린다.

$$5x+4 = 5 \times x + 4$$

$x=-3$을 대입

$$= 5 \times (-3) + 4$$
$$= -15 + 4 = -11$$

○ $x=-2$일 때, 다음 식의 값을 구하시오.

1-1
$$-3x+2 = -3 \times (\boxed{}) + 2$$
$$= \boxed{}$$

1-2 $-5x-4$ _____

2-1 $2x+5$ _____

2-2 $4x-9$ _____

3-1 $-2x+3$ _____

3-2 $7-3x$ _____

4-1 $\dfrac{x}{4}$ _____

4-2 $1-\dfrac{x}{2}$ _____

○ $a=-\dfrac{1}{2}$일 때, 다음 식의 값을 구하시오.

5-1
$$4a = 4 \times \left(\boxed{}\right) = \boxed{}$$

5-2 $5a-1$ _____

6-1 $-a+5$ _____

6-2 $-8a-3$ _____

핵심 체크

음수를 대입할 때에는 괄호를 사용하여 대입한다.

예 $2x+1$에 $x=-3$을 대입할 때 괄호를 사용하지 않으면 다음과 같은 실수를 할 수 있다.

$2-3+1=0 \; (\times)$

12 식의 값 (3) : 거듭제곱 꼴로 된 식에 대입하는 경우

$a=2$일 때, $a^2, -a^2, (-a)^2$의 값 구하기

$$a^2 = 2^2 = 4$$
$$-a^2 = -2^2 = -4$$
$$(-a)^2 = (-2)^2 = 4$$

$a=-2$일 때, $a^2, -a^2, (-a)^2$의 값 구하기

$$a^2 = (-2)^2 = 4$$
$$-a^2 = -(-2)^2 = -4$$
$$(-a)^2 = \{-(-2)\}^2 = 2^2 = 4$$

○ $a=-3$일 때, 다음 식의 값을 구하시오.

1-1 $\boxed{a^2 = (-3)^2 = \square}$

1-2 $-a^2$

1-3 a^3

2-1 $-a^3$

2-2 $(-a)^2$

2-3 $-(-a)^2$

3-1 $-\dfrac{a^2}{3}$

3-2 $2a^2-1$

3-3 $-1-a^3$

○ $x=-\dfrac{1}{2}$일 때, 다음 식의 값을 구하시오.

4-1 x^2

4-2 $-x^2$

4-3 $(-x)^2$

5-1 $-8x^2$

5-2 x^3

5-3 $-(-x)^3$

핵심 체크

음수의 거듭제곱은 지수에 따라 부호가 결정된다. ➡ 지수가 ┌ 짝수이면 부호는 +
└ 홀수이면 부호는 −

예 $(-2)^2 = (-2) \times (-2) = 4$, $(-2)^3 = (-2) \times (-2) \times (-2) = -8$

13 식의 값 ⑷ : 두 개 이상의 문자에 대입하는 경우

정답과 해설 | **4**쪽

$x = 1, y = -2$일 때, $3xy$의 값 구하기

$$3xy = 3 \times \boxed{x} \times \boxed{y} = 3 \times \boxed{1} \times (-2) = -6$$

$y = -2$를 대입
$x = 1$을 대입
음수를 대입하므로 괄호를 사용한다.

○ $x = 4, y = -3$일 때, 다음 식의 값을 구하시오.

1-1
$$3x + 2y = 3 \times \boxed{} + 2 \times (\boxed{})$$
$$= \boxed{}$$

1-2 $x - 5y$

_____

2-1 $5x - 3y$

_____

2-2 $-x + 2y + 3$

_____

3-1 $\dfrac{1}{2}x - \dfrac{1}{3}y$

_____

3-2 $\dfrac{1}{4}x + \dfrac{5}{9}y$

_____

4-1 $-xy$

_____

4-2 $\dfrac{2}{3}xy$

_____

5-1 $x^2 + 4y$

_____

5-2 $7x - y^2$

_____

> **핵심 체크**
>
> 문자 앞에 $-$ 부호가 있는 경우 -1이 곱해져 있다는 사실을 기억한다.
>
> 예 $-x = (-1) \times x$, $-y = (-1) \times y$, $-xy = (-1) \times x \times y$

13 식의 값⑷ : 두 개 이상의 문자에 대입하는 경우

○ **다음을 구하시오.**

6-1 $x=3, y=-2$일 때, $5x-3y$의 값

_____

6-2 $x=-4, y=7$일 때, $3x+2y$의 값

_____

7-1 $x=5, y=-3$일 때, $2xy$의 값

_____

7-2 $x=6, y=-4$일 때, $\dfrac{5}{4}xy$의 값

_____

8-1 $x=-1, y=2$일 때, $-x+2y^2$의 값

_____

8-2 $x=-4, y=-3$일 때, $-x^2-y$의 값

_____

9-1 $x=\dfrac{1}{2}, y=-\dfrac{1}{3}$일 때, $2x+3y$의 값

_____

9-2 $x=9, y=-2$일 때, $\dfrac{1}{3}x+\dfrac{1}{4}y$의 값

_____

10-1 $x=4, y=-2$일 때, $\dfrac{x-y}{2}$의 값

_____

10-2 $x=-1, y=2$일 때, $x^2-2xy+y^2$의 값

_____

┌─ **핵심 체크** ─────────────────────────────

• 식의 값을 구할 때, 생략된 곱셈 기호를 다시 살려서 계산한다.

• 음수를 대입할 때, 괄호를 사용하여 계산한다.

└──────────────────────────────────────

14 식의 값⑸ : 분수 꼴로 된 식에 대입하는 경우

① $x=2$일 때, $\dfrac{4}{x}$의 값은 $\dfrac{4}{x}=\dfrac{4}{2}=2$

                        └ $x=2$를 대입

                           $x=\dfrac{1}{2}$을 대입

② $x=\dfrac{1}{2}$일 때, $\dfrac{4}{x}$의 값은 $\dfrac{4}{x}=4\div x=4\div\dfrac{1}{2}=4\times2=8$

                              └ 분모에 분수를 대입할 때에는 나눗셈 기호를
                                사용하여 나타낸 후 대입한다.

◎ $x=3$일 때, 다음 식의 값을 구하시오.

1-1 $\dfrac{6}{x}=\dfrac{6}{\boxed{}}=\boxed{}$

1-2 $-\dfrac{12}{x}$ _____

2-1 $\dfrac{27}{x}$ _____

2-2 $\dfrac{15}{2x}$ _____

◎ 다음을 구하시오.

3-1 $x=\dfrac{1}{3}$일 때, $\dfrac{1}{x}$의 값

  ➡ $\dfrac{1}{x}=1\div x=1\div\dfrac{1}{3}=1\times\boxed{}=\boxed{}$

3-2 $x=-\dfrac{1}{3}$일 때, $\dfrac{1}{x}$의 값 _____

4-1 $x=\dfrac{1}{4}$일 때, $\dfrac{3}{x}$의 값 _____

4-2 $x=-\dfrac{1}{6}$일 때, $-\dfrac{2}{x}$의 값 _____

핵심 체크

$\dfrac{1}{x}$과 같이 분모에 문자가 있는 식에 수를 대입할 때에는 $\dfrac{1}{x}=1\div x$임을 이용한다.

기본연산 집중연습 | 10~14

○ 다음을 구하시오.

1-1 $x=-3$일 때, $-8x+1$의 값

1-2 $x=\dfrac{1}{3}$일 때, $9x-2$의 값

1-3 $x=-8$일 때, $\dfrac{4}{x}$의 값

1-4 $a=-\dfrac{1}{2}$일 때, $-12a-7$의 값

1-5 $x=-1$일 때, $-x^2$의 값

1-6 $x=-2$일 때, $-x^3$의 값

1-7 $a=-\dfrac{1}{3}$일 때, $(-a)^2$의 값

1-8 $x=-\dfrac{1}{2}$일 때, $-6x^2$의 값

○ 다음을 구하시오.

2-1 $x=-2, y=4$일 때, $2x+5y$의 값

2-2 $x=6, y=-1$일 때, $3x-4y$의 값

2-3 $x=10, y=-7$일 때, $\dfrac{1}{5}xy$의 값

2-4 $x=-9, y=2$일 때, $\dfrac{1}{3}x-\dfrac{1}{2}y$의 값

2-5 $x=-6, y=9$일 때, $xy+y^2$의 값

2-6 $x=4, y=-1$일 때, x^2-3y의 값

2-7 $x=5, y=-3$일 때, $\dfrac{x-y}{x+y}$의 값

2-8 $x=-\dfrac{1}{2}, y=\dfrac{1}{3}$일 때, $\dfrac{2}{x}+\dfrac{1}{y}$의 값

핵심 체크

❶ 식의 값을 구하는 방법

　① 주어진 식에서 생략된 기호 $\times$, $\div$를 다시 쓴다. ➡ ② 문자에 주어진 수를 대입하여 계산한다.

○ 다음 순서에 따라 식의 값을 구하고 그에 알맞은 글자를 찾아 단어를 완성하시오.

> (1) 〈표1〉에 주어진 a, b의 값을 식에 대입하여 식의 값을 구한다.
> (2) (1)에서 구한 식의 값을 〈표2〉에서 찾고 그 아래에 적혀 있는 글자를 〈표1〉에 순서대로 써넣어 단어를 완성한다.

3-1 $a-3b$

'언제나 변함없이'라는 뜻을 가지고 있는 순우리말이에요.

〈표1〉

a, b의 값	① $a=2$, $b=-1$	② $a=1$, $b=-1$	③ $a=-1$, $b=2$	④ $a=-4$, $b=-2$
식의 값				
글자				

〈표2〉

-10	-5	-2	-1	1	2	5	10
그	미	예	리	온	새	나	로

'어떠한 일이 있어도 세상의 중심이 되어라.' 라는 뜻을 가지고 있는 순우리말이에요.

3-2 $-a^2+2b$

〈표1〉

a, b의 값	① $a=-5$, $b=14$	② $a=1$, $b=-1$	③ $a=-3$, $b=4$	④ $a=4$, $b=7$
식의 값				
글자				

〈표2〉

-3	-2	-1	0	1	2	3	4
온	리	누	예	브	시	가	로

핵심 체크

❷ 식의 값을 구할 때 분모에 분수를 대입하는 경우 나눗셈 기호 ÷를 다시 쓴다.

❸ 문자에 대입하는 수가 음수이면 반드시 괄호 (　　)를 사용한다.

15 다항식

정답과 해설 | 5쪽

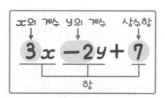

❶ 항 : 수 또는 수와 문자의 곱으로 이루어진 식

❷ 상수항 : 문자 없이 수만으로 이루어진 항

❸ 계수 : 문자를 포함한 항에서 문자 앞에 곱해진 수

❹ 다항식 : 하나의 항이나 여러 개의 항의 합으로 이루어진 식

❺ 단항식 : $2x$, $-5y$와 같이 하나의 항으로만 이루어진 식 ← 단항식은 항이 1개인 다항식이다.

○ 다음을 구하시오.

1-1 $2x-5y+1 \Rightarrow 2x+(\boxed{})+1$

① 항 ——수 또는 수와 문자의—— _____
곱으로 이루어진 식

② 상수항 ——수만으로 이루어진 항—— _____

③ x의 계수 —x 앞에 곱해진 수→ _____

④ y의 계수 —y 앞에 곱해진 수→ _____

1-2 $-3x-y+4$

① 항 : _____

② 상수항 : _____

③ x의 계수 : _____

④ y의 계수 : _____

2-1 $\dfrac{1}{6}x-2$

① 항 : _____

② 상수항 : _____

③ x의 계수 : _____

2-2 $\dfrac{y}{5}-\dfrac{1}{2}$

① 항 : _____

② 상수항 : _____

③ y의 계수 : _____

3-1 $-x+8y-5$

① 항 : _____

② 상수항 : _____

③ x의 계수 : _____

④ y의 계수 : _____

3-2 x^2-4x+6

① 항 : _____

② 상수항 : _____

③ x^2의 계수 : _____

④ x의 계수 : _____

> **핵심 체크**
>
> 다항식은 항의 합으로 이루어진 식이므로 뺄셈으로 된 식은 덧셈으로 바꾼 후 항, 계수 등을 구한다.
>
> 예 $-5x-2y+1=-5x+(-2y)+1$에서 항은 $-5x$, $-2y$, 1이다.

16 일차식

① 차수 : 문자를 포함한 항에서 곱해진 문자의 개수

　예 $2x = 2 \times x$ ➡ x가 한 번 곱해져 있으므로 차수는 1

　　$2x^2 = 2 \times x \times x$ ➡ x가 두 번 곱해져 있으므로 차수는 2

② 다항식의 차수 : 다항식에서 차수가 가장 큰 항의 차수

③ 일차식 : 차수가 1인 다항식

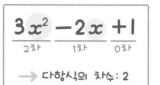

○ 다음을 구하시오.

1-1
$3x^2$
① 차수
　➡ x가 곱해진 개수이므로 ☐
② x^2의 계수
　➡ x^2 앞에 곱해진 수이므로 ☐

1-2 $-x$
➡ 차수: _____ , x의 계수: _____

2-1 $-\dfrac{y}{2}$
➡ 차수: _____ , y의 계수: _____

2-2 a
➡ 차수: _____ , a의 계수: _____

3-1 $2x^3$
➡ 차수: _____ , x^3의 계수: _____

3-2 $\dfrac{2}{3}y^2$
➡ 차수: _____ , y^2의 계수: _____

○ 다음 다항식의 차수를 구하시오.

4-1 $2x^2 - 3x + 1$ _____

4-2 $5a - 1$ _____

5-1 $\dfrac{x}{3} + 1$ _____

5-2 $y^3 + 2y$ _____

핵심 체크

다항식에서는 차수가 가장 큰 항의 차수가 그 다항식의 차수이다.

예 다항식 $4x^2 - x + 5$에서 차수가 가장 큰 항이 $4x^2$이고, 그 차수가 2이므로 이 다항식의 차수는 2이다.

16 일차식

○ 다음 다항식이 일차식인 것에는 ○표, 일차식이 아닌 것에는 ×표를 하시오.

6-1 $\boxed{3x \Rightarrow \text{차수가 } \boxed{} \text{이므로 일차식이다.} \\ (\qquad)}$

6-2 $2x-1$ $(\qquad)$

7-1 $-x+3$ $(\qquad)$

7-2 x^2+x+1 $(\qquad)$

8-1 a^2-1 $(\qquad)$

8-2 4 $(\qquad)$

9-1 $0\times x-3$ $(\qquad)$

9-2 $0.1x-0.7$ $(\qquad)$

10-1 $\dfrac{x}{3}+1$ $(\qquad)$

10-2 $8-x^2$ $(\qquad)$

식을 간단히 정리한 후 일차식인지 아닌지 확인해.

11-1 $\boxed{x^2-(x^2+x+1)=x^2-x^2-x-1 \\ \qquad\qquad = \boxed{} \\ (\qquad)}$

11-2 $2x^2-(x+2x^2)$ $(\qquad)$

12-1 $5x-5(x+2)$ $(\qquad)$

12-2 $\dfrac{1}{x}+1$ $(\qquad)$

┌ **핵심 체크** ─────────────────────────────────

• 상수항은 문자가 하나도 곱해지지 않았으므로 상수항의 차수는 0이다.

• $\dfrac{1}{x}, \dfrac{1}{y-1}$ 과 같이 분모에 문자가 있는 식은 다항식이 아니다. 즉 다항식이 아니므로 일차식이 아니다.

기본연산 집중연습 | 15~16

정답과 해설 | 6쪽

○ 다음 주어진 식에 달린 댓글 중 옳은 것에는 ○표, 옳지 않은 것에는 ×표를 하시오.

1-1

$$4x - \frac{1}{3}y - 3$$

ㄴ 항은 $4x$, $\frac{1}{3}y$, 3이다. ☐

ㄴ 상수항은 3이다. ☐

ㄴ x의 계수는 4이다. ☐

ㄴ y의 계수는 $\frac{1}{3}$이다. ☐

1-2

$$2x^3 - x^2 + 1$$

ㄴ x^3이 계수는 3이다. ☐

ㄴ 다항식의 차수는 3이다. ☐

ㄴ $-x^2$의 차수는 2이다. ☐

ㄴ 항은 3개이다. ☐

1-3

$$-3a^2 + \frac{b}{2} - 5$$

ㄴ a^2의 계수는 2이다. ☐

ㄴ b의 계수는 1이다. ☐

ㄴ $\frac{b}{2}$의 차수는 1이다. ☐

ㄴ 상수항은 5이다. ☐

ㄴ 항은 4개이다. ☐

1-4

$$5x^2 - 2x - 1$$

ㄴ 다항식의 차수는 2이다. ☐

ㄴ 항은 2개이다. ☐

ㄴ 상수항은 -1이다. ☐

ㄴ x의 계수는 2이다. ☐

ㄴ x^2의 계수는 5이다. ☐

핵심 체크

❶ 항은 수 또는 수와 문자의 곱으로 이루어진 식이다.

❷ 상수항은 문자 없이 수만으로 이루어진 항이다.

❸ 계수는 문자를 포함한 항에서 문자 앞에 곱해진 수이다.

❹ 다항식의 차수는 다항식에서 차수가 가장 큰 항의 차수이다.

17 (단항식)×(수)

$3a \times 2 = 3 \times a \times 2 = \underline{3 \times 2} \times a = 6a$

곱셈 기호를 살린다.

→ 수끼리 모은다.
(곱셈의 교환법칙 이용)

$(-2a) \times (-9) = (-2) \times a \times (-9) = \underline{(-2) \times (-9)} \times a = 18a$

곱셈 기호를 살린다.

→ 수끼리 모은다.
(곱셈의 교환법칙 이용)

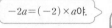 $-2a = (-2) \times a$야.

○ 다음을 계산하시오.

1-1
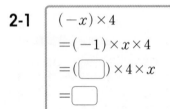
$4x \times 3 = 4 \times x \times 3$
$= 4 \times \boxed{} \times x$
$= \boxed{}$

1-2 $7 \times 6y$

1-3 $\dfrac{1}{2}x \times 2$

2-1
$(-x) \times 4$
$= (-1) \times x \times 4$
$= (\boxed{}) \times 4 \times x$
$= \boxed{}$

2-2 $2x \times (-7)$

2-3 $3 \times (-3y)$

3-1 $(-9a) \times (-4)$

3-2 $(-2a) \times (-9)$

3-3 $(-8a) \times (-6)$

4-1 $\dfrac{5}{6}x \times (-18)$

4-2 $9x \times \left(-\dfrac{4}{3}\right)$

4-3 $\left(-\dfrac{3}{2}x\right) \times 10$

핵심 체크

(단항식) × (수) ➡ 수끼리 곱하여 문자 앞에 쓴다.

18 (단항식)÷(수)

① 나눗셈 기호 ÷를 생략하고 분수 꼴로 바꾸어 계산한다.

$$8b \div 10 = \frac{8b}{10}$$

분수 꼴로 바꾼다.

$$= \frac{4}{5}b$$

② 나눗셈을 역수의 곱셈으로 바꾸어 계산한다.

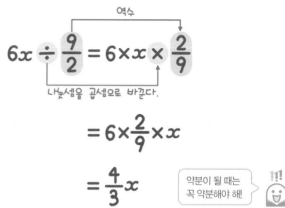

역수

$$6x \div \frac{9}{2} = 6 \times x \times \frac{2}{9}$$

나눗셈을 곱셈으로 바꾼다.

$$= 6 \times \frac{2}{9} \times x$$

$$= \frac{4}{3}x$$

약분이 될 때는 꼭 약분해야 해!

○ 다음을 계산하시오.

1-1 $9x \div 6 = \frac{9x}{6} = \boxed{}$

1-2 $14x \div 7$

1-3 $(-6x) \div 18$

2-1 $28a \div (-4)$

2-2 $(-6y) \div (-4)$

2-3 $(-42a) \div (-6)$

3-1 $12x \div \left(-\dfrac{3}{8}\right)$
$= 12x \times \left(\boxed{}\right)$
$= \boxed{}$

3-2 $(-20b) \div \dfrac{5}{6}$

3-3 $4x \div \left(-\dfrac{2}{3}\right)$

4-1 $\dfrac{2}{3}a \div \left(-\dfrac{5}{12}\right)$

4-2 $\left(-\dfrac{3}{10}x\right) \div \left(-\dfrac{1}{5}\right)$

4-3 $\left(-\dfrac{9}{2}b\right) \div \dfrac{3}{4}$

핵심 체크

역수

(단항식)÷(수) ➡ ■ ÷ ● = $\dfrac{■}{●}$, ■ ÷ ▲ = ■ × $\dfrac{○}{▲}$

분수 꼴로 고친다. 나눗셈을 곱셈으로 바꾼다.

19 (수)×(일차식), (일차식)×(수)

$$3(5x+2) = \underset{①}{\underline{3 \times 5x}} + \underset{②}{\underline{3 \times 2}}$$
$$= 15x+6$$

$$(3x+5)×(-2) = \underset{①}{\underline{3x \times (-2)}} + \underset{②}{\underline{5 \times (-2)}}$$
$$= -6x-10$$

○ 다음을 계산하시오.

1-1
$$2(x-4) = 2 \times x + 2 \times (\boxed{})$$
$$= \boxed{}$$

1-2 $4(-6x+1)$ _____

2-1 $3(2a+5)$ _____

2-2 $\dfrac{2}{3}(6a-9)$ _____

$-(x-4)$는 괄호 앞에 -1이 곱해져 있는 거야.

3-1
$$-4(x-2) = (-4) \times (x-2)$$
$$= (-4) \times x + (-4) \times (\boxed{})$$
$$= \boxed{}$$

3-2 $-(x-4)$ _____

4-1 $-\dfrac{1}{3}(15x+9)$ _____

4-2 $-\dfrac{2}{5}(10x-5)$ _____

5-1
$$(2x-5) \times (-3)$$
$$= 2x \times (-3) + (-5) \times (-3)$$
$$= \boxed{}$$

5-2 $(4x-1) \times 5$ _____

6-1 $(-3b+1) \times (-2)$ _____

6-2 $\left(\dfrac{1}{4}b+\dfrac{1}{3}\right) \times (-12)$ _____

핵심 체크

(수)×(일차식), (일차식)×(수) ➡ 분배법칙을 이용하여 일차식의 각 항에 수를 곱한다.

20 (일차식)÷(수)

① 나눗셈 기호 ÷를 생략하고 분수 꼴로 바꾸어 계산한다.

$$(15x+10)÷(-5)=\frac{15x+10}{-5}$$
$$=\frac{15x}{-5}+\frac{10}{-5}$$
$$=-3x-2$$

② 나눗셈을 역수의 곱셈으로 바꾸어 계산한다.

$$(2x-6)÷\left(-\frac{2}{3}\right)$$

나눗셈을 역수의 곱셈으로 바꾼다.

$$=(2x-6)×\left(-\frac{3}{2}\right)$$
$$=2x×\left(-\frac{3}{2}\right)+(-6)×\left(-\frac{3}{2}\right)$$
$$=-3x+9$$

○ 다음을 계산하시오.

1-1
$$(12x-9)÷3=\frac{12x-9}{3}$$
$$=\boxed{}$$

1-2 $(20+4y)÷4$ _____

2-1 $(8x+2)÷(-2)$ _____

2-2 $(30x-24)÷(-6)$ _____

3-1
$$(3x-2)÷\frac{1}{6}=(3x-2)×\boxed{}$$
$$=3x×\boxed{}+(\boxed{})×6$$
$$=\boxed{}$$

3-2 $(-2b+1)÷\frac{1}{4}$ _____

4-1 $(9x-6)÷\frac{3}{2}$ _____

4-2 $(-10x+22)÷\frac{2}{5}$ _____

5-1 $(y+5)÷\left(-\frac{1}{3}\right)$ _____

5-2 $(8a-40)÷\left(-\frac{8}{3}\right)$ _____

핵심 체크

(일차식)÷(수) ➡ 분수 꼴로 바꾸거나 나누는 수의 역수를 곱한다.

기본연산 집중연습 | 17~20

1. 재민이가 옳게 계산된 식이 적혀 있는 문을 통과하여 도착하는 곳에 있는 돈을 다음 달 용돈으로 받기로 하였다. 재민이가 다음 달에 받게 되는 용돈을 말하시오.

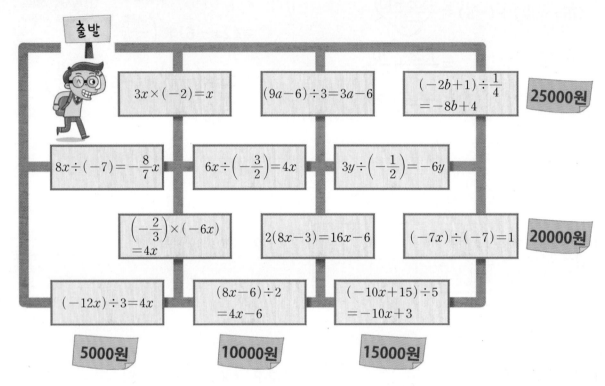

2. 다음 그림에서 왼쪽에 있는 카드에 적힌 식을 계산한 결과와 같은 식이 적힌 오른쪽에 있는 카드를 연결하시오.

A	$(8x-12) \times \dfrac{1}{4}$	·		·	㉠	$5x-2$
B	$\dfrac{-6x-9}{3}$	·		·	㉡	$-4x+10$
C	$10\left(\dfrac{1}{2}x - \dfrac{1}{5}\right)$	·		·	㉢	$-2x+1$
D	$-(4x-2) \div 2$	·		·	㉣	$2x-3$
E	$(6x-15) \div \left(-\dfrac{3}{2}\right)$	·		·	㉤	$-2x-3$

핵심 체크

❶ 괄호 앞에 음수가 있으면 숫자 뿐만 아니라 부호 −를 괄호 안의 모든 항에 곱한다.

    예 $-2(a+b)=-2a-2b(\bigcirc)$, $-2(a+b)=-2a+2b(\times)$

○ 다음을 계산하시오.

3-1 $3x \times 6$

3-2 $5x \times (-2)$

3-3 $(-7a) \times 3$

3-4 $(-3b) \times (-5)$

3-5 $14x \times \left(-\dfrac{5}{7}\right)$

3-6 $(-8y) \times \left(-\dfrac{3}{4}\right)$

3-7 $42x \div 7$

3-8 $(-27x) \div (-3)$

3-9 $15x \div \left(-\dfrac{3}{5}\right)$

3-10 $\left(-\dfrac{8}{3}x\right) \div \left(-\dfrac{4}{5}\right)$

○ 다음을 계산하시오.

4-1 $2(x-7)$

4-2 $(4a+5) \times (-3)$

4-3 $8\left(\dfrac{1}{2}x - \dfrac{3}{4}\right)$

4-4 $-\dfrac{1}{3}\left(-\dfrac{3}{5}x + \dfrac{1}{2}\right)$

4-5 $(12a+15) \div 3$

4-6 $(14a+4) \div (-2)$

4-7 $(-2b+3) \div \left(-\dfrac{1}{5}\right)$

4-8 $(-6a-9) \div \dfrac{3}{2}$

4-9 $(-12y+20) \div \dfrac{4}{3}$

4-10 $\left(-\dfrac{5}{9}x + \dfrac{1}{3}\right) \div \left(-\dfrac{5}{6}\right)$

핵심 체크

❷ (수) × (일차식), (일차식) × (수) ➡ 분배법칙을 이용하여 일차식의 각 항에 수를 곱한다.

$$a \times (b+c) = a \times b + a \times c, \quad (a+b) \times c = a \times c + b \times c$$

21 동류항

정답과 해설 | **7**쪽

동류항 : 문자와 차수가 모두 같은 항

예 $-a^2$, $3a^2$ ➡ 문자는 a, 차수는 2로 모두 같으므로 동류항이다.

a^2, a ➡ 문자는 a로 같으나 차수는 각각 2, 1로 다르므로 동류항이 아니다.

x, $2y$ ➡ 차수는 같으나 문자는 각각 x, y로 다르므로 동류항이 아니다.

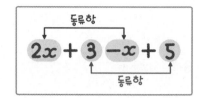

◦ 다음 표를 완성하고 ( ) 안의 알맞은 것에 ○표를 하시오.

1-1

	$3a$	$3b$
문자		
차수		

따라서 $3a$와 $3b$는 동류항(이다, 이 아니다).

1-2

	x^2	$2x$
문자		
차수		

따라서 x^2과 $2x$는 동류항(이다, 이 아니다).

2-1

	a^2	b^2
문자		
차수		

따라서 a^2과 b^2은 동류항(이다, 이 아니다).

2-2

	$0.1x$	$-\dfrac{x}{3}$
문자		
차수		

따라서 $0.1x$와 $-\dfrac{x}{3}$는
동류항(이다, 이 아니다).

◦ 다음을 동류항끼리 선으로 연결하시오.

> 상수항끼리는 모두 동류항이야.

3-1

(1) a	(2) $-2y$	(3) 5	(4) $2x^2$
•	•	•	•

•	•	•	•
㉠ $\dfrac{y}{4}$	㉡ -1	㉢ $-a$	㉣ $3x^2$

3-2

(1) $\dfrac{1}{2}y^2$	(2) $-3a$	(3) $\dfrac{2}{7}$	(4) $-5a^2$
•	•	•	•

•	•	•	•
㉠ 2	㉡ $3y^2$	㉢ $\dfrac{a^2}{2}$	㉣ $0.5a$

핵심 체크

동류항의 판별 ➡ ┌ 문자가 같은지 확인 ┐ ➡ 모두 같으면 동류항이다.
　　　　　　　　└ 차수가 같은지 확인 ┘

22 동류항의 계산 (1)

동류항끼리는 분배법칙을 이용하여 간단히 한다.

$$5x + 2x = (5+2)x = 7x$$
분배법칙을 이용

$$5x - 2x = (5-2)x = 3x$$
분배법칙을 이용

$$\boxed{x\ x\ x \atop x\ x} + \boxed{x \atop x} = \boxed{x\ x\ x\ x \atop x\ x\ x}$$

$$\boxed{x\ x\ x \atop x\ x} - \boxed{x \atop x} = \boxed{x\ x \atop x}$$

○ 다음 식을 간단히 하시오.

1-1 $\boxed{\begin{array}{l} 2a + 3a = (2+3)a \\ \qquad = \boxed{} \end{array}}$

1-2 $4x + 7x$

1-3 $8a + 6a$

2-1 $\boxed{\begin{array}{l} 6y - y = (6-1)y \\ \qquad = \boxed{} \end{array}}$

2-2 $7x - 2x$

2-3 $4y - 5y$

3-1 $-4b + 6b$

3-2 $-7a + 8a$

3-3 $-10a + 6a$

4-1 $-3x - 2x$

4-2 $-4b - 6b$

4-3 $-6y - 7y$

5-1 $-a + \dfrac{2}{3}a$

5-2 $-\dfrac{1}{2}x + \dfrac{3}{4}x$

5-3 $-\dfrac{1}{3}a - \dfrac{1}{2}a$

핵심 체크

동류항의 계산에서 자주 하는 실수

① $4a - a = 4(\times)$　　② $3a + 2 = 5a(\times)$　　③ $4 + a = 4a(\times)$　　④ $2a + 3b = 5ab(\times)$

23 동류항의 계산 (2) : 항이 세 개 이상인 경우

$$4x - 7x + 2x = (4 - 7 + 2)x$$
분배법칙을 이용
$$= -x$$

$3x - 2 - x + 5$ → 동류항끼리 모은다.
$$= 3x - x - 2 + 5$$
$$= (3 - 1)x + (-2 + 5)$$ → 분배법칙을 이용한다.
$$= 2x + 3$$

○ 다음 식을 간단히 하시오.

1-1
$$5x - x + 3x = (5 - \boxed{} + \boxed{})x$$
$$= \boxed{}$$

1-2 $x - 5x + 8x$ _____

2-1 $7a - 3a - a$ _____

2-2 $3a - 9a + a$ _____

3-1 $-b + 3b - 2b$ _____

3-2 $-6y + 7y - 4y$ _____

4-1 $-x - x - x$ _____

4-2 $-2y - 3y - 5y$ _____

5-1 $\dfrac{1}{2}a + 3a - \dfrac{1}{3}a$ _____

5-2 $-\dfrac{1}{4}b - \dfrac{1}{2}b + b$ _____

핵심 체크

동류항끼리는 분배법칙을 이용하여 계수끼리 더하거나 뺀 후 문자를 곱하는 것으로 간단히 할 수 있다.

예 $-3x + 5x - 9x = (-3 + 5 - 9)x = -7x$
└→ 계수끼리 더하거나 뺀다.

○ 다음 식을 간단히 하시오.

6-1
$$7x+3-5x-6=7x-5x+3-6$$
$$=(7-5)x+(3-6)$$
$$=\boxed{}$$

6-2 $8x+10-3x-3$ _____

7-1 $5x-2-4x+8$ _____

7-2 $6x-7+3x-2$ _____

8-1 $2a-4-5a+1$ _____

8-2 $-11x-2+x-9$ _____

9-1 $-x-6-2x+8$ _____

9-2 $5-7x-11+7x$ _____

10-1 $3-\dfrac{3}{2}x+4x-\dfrac{1}{2}$ _____

10-2 $\dfrac{5}{8}x+6+\dfrac{3}{8}x-1$ _____

11-1 $-\dfrac{7}{4}x+\dfrac{2}{5}-\dfrac{3}{4}x-\dfrac{7}{5}$ _____

11-2 $\dfrac{4}{3}x-\dfrac{1}{4}-\dfrac{1}{6}x+\dfrac{3}{2}$ _____

핵심 체크

동류항끼리 모아서 간단히 한 식은 동류항이 없으므로 더 이상 간단히 할 수 없다.

예 $2x+5+3x-2=5x+3$에서 $5x$와 3은 동류항이 아니므로 더 이상 간단히 할 수 없다.

24 일차식의 덧셈과 뺄셈 (1)

일차식의 덧셈

$$(3x-4)+(4x+8)$$
$$=3x-4+4x+8$$ — 괄호를 푼다.
$$=3x+4x-4+8$$ — 동류항끼리 모은다.
$$=7x+4$$ — 식을 간단히 한다.

일차식의 뺄셈

$$(2x-5)-(3x-1)$$
$$=2x-5-3x+1$$ — 괄호를 푼다.
$$=2x-3x-5+1$$ — 동류항끼리 모은다.
$$=-x-4$$ — 식을 간단히 한다.

○ 다음 식을 간단히 하시오.

1-1
$$(5x+3)+(4x+2)=5x+3+4x+2$$
$$=5x+4x+3+2$$
$$=\boxed{}$$

1-2 $(2a+5)+(6a-7)$ _____

2-1 $(-2x+8)+(x-8)$ _____

2-2 $(5y-10)+(-5y+4)$ _____

3-1 $(a+9)+(-3a-1)$ _____

3-2 $(3+7x)+(-3x+6)$ _____

4-1
$$(a+7)-(5a-3)=a+7-5a+3$$
$$=a-5a+7+3$$
$$=\boxed{}$$

4-2 $(x-2)-(4x-6)$ _____

5-1 $(-x+7)-(-2x+7)$ _____

5-2 $(-3y+4)-(-3y+8)$ _____

6-1 $(1+2a)-(5-3a)$ _____

6-2 $(5a-4)-(4-6a)$ _____

핵심 체크

• $-(a+b)=-a-b$ • $-(a-b)=-a+b$

25 일차식의 덧셈과 뺄셈 (2)

$$2(3x+1)-3(-3x-2)=6x+2+9x+6$$
$$=6x+9x+2+6$$
$$=15x+8$$

> 괄호 앞에 음수가 곱해져 있을 때 괄호를 풀면 부호가 바뀌는 것에 주의해.

○ 다음 식을 간단히 하시오.

1-1
$$3(2x-5)+8x=6x-15+8x$$
$$=6x+8x-15$$
$$=\boxed{}$$

1-2 $2(x+3)+5(x-2)$ _____

2-1 $4(3a-2)+3(3a+5)$ _____

2-2 $6(y-5)+3(5y-10)$ _____

3-1 $5(x-2)+2(2x+4)$ _____

3-2 $6(x+2)+5(2x-3)$ _____

4-1 $2(x+3)-3(2x-1)$ _____

4-2 $2(3x+6)-4(5x-2)$ _____

5-1 $-(x-5)-7(x-2)$ _____

5-2 $-2(x-3)-(-2x+4)$ _____

핵심 체크

일차식의 덧셈과 뺄셈에서 괄호가 있으면 분배법칙을 이용하여 괄호를 푼 후 동류항끼리 모아서 식을 간단히 한다.

25 일차식의 덧셈과 뺄셈 (2)

○ 다음 식을 간단히 하시오.

6-1 $5(4x-2)-4(5x-2)$ _____

6-2 $2(a-1)-3(-a+4)$ _____

7-1 $8(2x-1)-4(7x-11)$ _____

7-2 $7(a-3)-5(1-2a)$ _____

8-1 $-5(x+2)-2(3x+5)$ _____

8-2 $-2(3y-1)-3(2y+4)$ _____

9-1
$4(2a-3)+\dfrac{1}{5}(10a-15)$
$=8a-12+2a-3$
$=8a+2a-12-3$
$=\boxed{}$

9-2 $\dfrac{1}{2}(4a+6)+\dfrac{1}{3}(3a-9)$ _____

10-1 $\dfrac{1}{4}(4x-8)-\dfrac{1}{3}(15x-6)$ _____

10-2 $\dfrac{1}{6}(4x-6)-\dfrac{1}{9}(3x-18)$ _____

11-1 $\dfrac{2}{3}(5x-2)+\dfrac{1}{3}(x+1)$ _____

11-2 $\dfrac{5}{3}(x-1)-\dfrac{1}{6}(2x-8)$ _____

핵심 체크

일차식의 덧셈과 뺄셈에서 괄호를 풀 때 자주 하는 실수

① $3(4x-1)=12x-1(×), 3(4x-1)=12x-3(○)$ ② $-2(x-3)=-2x-6(×), -2(x-3)=-2x+6(○)$

26 일차식의 덧셈과 뺄셈 (3)

괄호가 있는 식 : 수의 계산과 마찬가지로 (소괄호) ➡ {중괄호} ➡ [대괄호]의 순서로 푼다.

$$x-2\{3x-(5-x)\} = x-2(3x-5+x)$$
$$= x-2(4x-5)$$
$$= x-8x+10$$
$$= -7x+10$$

○ 다음 식을 간단히 하시오.

1-1
$$3x-\{4x-2(3x+1)\}$$
$$=3x-(4x-6x-\boxed{})$$
$$=3x-(\boxed{}x-\boxed{})$$
$$=3x+\boxed{}x+\boxed{}$$
$$=\boxed{}$$

1-2 $6x-\{7-(4-x)\}$

2-1 $x-2\{4x-(1-3x)\}$

2-2 $4a-\{3-2(5a+1)\}$

3-1 $5-3\{2x-(1+3x)\}$

3-2 $-\dfrac{3}{5}\{3a+4-7(-a+2)\}$

4-1 $-x-[4x-1-\{3x-2(x+2)\}]$

4-2 $4x-[5x+2\{x-(4x-3)\}]$

핵심 체크

괄호가 있는 식은 (소괄호) ➡ {중괄호} ➡ [대괄호]의 순서로 괄호를 풀고, 괄호를 풀 때마다 동류항끼리 계산하여 간단히 한다.

27 일차식의 덧셈과 뺄셈 (4)

$$\frac{4x-3}{6} + \frac{2x-3}{4}$$

분모 6, 4의 최소공배수 12로 통분한다.

$$= \frac{2(4x-3) + 3(2x-3)}{12}$$

분배법칙을 이용하여 괄호를 푼다.

$$= \frac{8x-6+6x-9}{12}$$

동류항끼리 간단히 한다.

$$= \frac{14x-15}{12}$$

$$= \frac{7}{6}x - \frac{5}{4}$$

$\rightarrow \dfrac{14x-15}{12}$ 도 답이 된다.

○ 다음 식을 간단히 하시오.

1-1
$$\frac{3x}{4} + \frac{x-1}{2} = \frac{3x + 2(x-1)}{4}$$
$$= \frac{3x + 2x - \square}{4}$$
$$= \frac{5x - \square}{4}$$
$$= \frac{5}{4}x - \square$$

1-2 $\dfrac{x-2}{2} + \dfrac{x-5}{3}$

2-1 $\dfrac{x-1}{4} + \dfrac{2x+1}{8}$

2-2 $\dfrac{a+5}{3} + \dfrac{5a-1}{9}$

3-1 $\dfrac{3x-2}{4} + \dfrac{2x+3}{3}$

3-2 $\dfrac{4a-1}{5} + \dfrac{4a+1}{3}$

4-1 $\dfrac{5x-3}{4} + \dfrac{x+2}{6}$

4-2 $\dfrac{a+3}{2} + \dfrac{5a-2}{3}$

핵심 체크

계수가 분수인 일차식의 덧셈과 뺄셈은 분모의 최소공배수로 통분한다. 통분할 때에는 반드시 분자에 괄호를 한다.

○ 다음 식을 간단히 하시오.

5-1
$$\frac{2x-1}{4}-\frac{3x+1}{2}=\frac{2x-1-2(3x+1)}{4}$$
$$=\frac{2x-1-6x-\square}{4}$$
$$=\frac{\square x-\square}{4}$$
$$=\square x-\square$$

5-2 $\dfrac{x+2}{3}-\dfrac{2x+4}{9}$

_____

6-1 $\dfrac{2a+5}{6}-\dfrac{a-1}{2}$

_____

6-2 $\dfrac{x+3}{8}-\dfrac{x+1}{4}$

_____

7-1 $\dfrac{3x-1}{2}-\dfrac{x-3}{3}$

_____

7-2 $\dfrac{2x-1}{3}-\dfrac{4x-2}{5}$

_____

8-1 $\dfrac{7a+3}{4}-\dfrac{6a-2}{5}$

_____

8-2 $\dfrac{x-1}{3}-\dfrac{3x+1}{2}$

_____

9-1 $\dfrac{12+5x}{3}-\dfrac{14x-1}{2}$

_____

9-2 $\dfrac{2x+1}{4}-\dfrac{x-3}{3}$

_____

핵심 체크

계수가 분수인 일차식의 덧셈과 뺄셈에서 자주 하는 실수

① 통분할 때, 분자에 괄호를 하지 않는 경우
$$\frac{3x+1}{2}-\frac{5x-1}{6}=\frac{3(3x+1)-5x-1}{6}(\times)$$

② 모든 항을 약분하지 않는 경우
$$\frac{4x+4}{6}=\frac{2x+4}{3}(\times)$$

기본연산 집중연습 | 21~27

○ 다음 식을 간단히 하시오.

1-1 $-y+4y$

1-2 $5a-8a$

1-3 $-2p-6p$

1-4 $\dfrac{2}{3}a+\dfrac{1}{4}a$

1-5 $\dfrac{1}{5}x-\dfrac{3}{4}x$

1-6 $-\dfrac{7}{6}y-\dfrac{3}{5}y$

○ 다음 식을 간단히 하시오.

2-1 $3x-6-7x$

2-2 $-5+2y-7$

2-3 $-2a+5-3a+2$

2-4 $-4-3x+6x-2$

2-5 $\dfrac{1}{5}x-\dfrac{1}{2}-\dfrac{4}{5}x$

2-6 $-\dfrac{1}{6}x-\dfrac{2}{3}+\dfrac{5}{6}x+\dfrac{1}{3}$

○ 다음 식을 간단히 하시오.

3-1 $(3x+1)+(2x-3)$

3-2 $(x+5)-(-2x+7)$

3-3 $3(2x+1)+4(x+5)$

3-4 $4(3x+1)-3(2x-3)$

3-5 $\dfrac{1}{3}(3x-6)+\dfrac{1}{6}(12x-18)$

3-6 $\dfrac{1}{4}(12x+8)-\dfrac{2}{3}(6x-3)$

> **핵심 체크**
>
> ❶ 동류항의 덧셈과 뺄셈 : 동류항끼리 모아서 분배법칙을 이용하여 간단히 한다.
>
> [참고] $ax+bx=(a+b)x$, $ax-bx=(a-b)x$

○ 오른쪽 보기와 같이 위의 두 칸의 식을 더하여 간단히 정리한 식을 아래 칸에 적을 때, A에 알맞은 식을 구하시오.

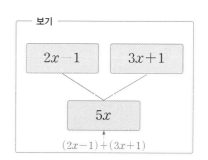

4-1

| $4x-2$ | $x+1$ | $2-2x$ |

$5x-1$ | ☐

A

4-2

| $-3x+1$ | $2(x+4)$ | $x-3$ |

☐ | ☐

A

○ 오른쪽 보기와 같이 위의 왼쪽에 있는 식에서 오른쪽에 있는 식을 빼서 간단히 정리한 식을 아래 칸에 적을 때, A에 알맞은 식을 구하시오.

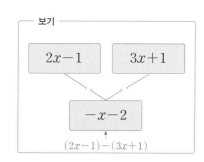

5-1

| $x-6$ | $2x+3$ | $-4x-5$ |

☐ | ☐

A

5-2

| $3(-5x-1)$ | $3x-7$ | $-5x+4$ |

☐ | ☐

A

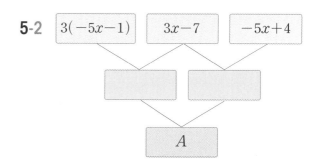

핵심 체크

❷ 일차식의 덧셈과 뺄셈 : 괄호가 있으면 분배법칙을 이용하여 괄호를 풀고, 동류항끼리 모아서 간단히 한다.

 예 $4(3x-5)-2(x-1)=4\times3x+4\times(-5)-2\times x-2\times(-1)=12x-20-2x+2=10x-18$

기본연산 테스트

1 다음 중 기호 $\times$, $\div$를 생략하여 나타낸 것으로 옳은 것에는 ○표, 옳지 않은 것에는 ×표를 하시오.

(1) $x \div y \times 2 = \dfrac{x}{2y}$ (　　)

(2) $a \times 2 \div b = \dfrac{2a}{b}$ (　　)

(3) $x \div y \div 2 = \dfrac{2x}{y}$ (　　)

(4) $3 \div x + y = \dfrac{3}{x} + y$ (　　)

(5) $a \times b \times (-3) = ab - 3$ (　　)

(6) $a \times b \times 0.1 \times b = 0.ab^2$ (　　)

(7) $x \div 5 - 2 \times y \times y = \dfrac{x}{5} - 2y^2$ (　　)

2 다음을 문자를 사용한 식으로 나타내시오.

(1) 1개에 80 g인 계란 x개의 무게

(2) 한 개에 800원 하는 크로켓을 x개 사고 5000원을 내었을 때의 거스름돈

(3) 10자루에 x원인 형광펜 한 자루의 가격

(4) 시속 75 km로 x시간 동안 달린 거리

3 다음을 문자를 사용한 식으로 나타내시오.

(1) x개의 70 %

(2) 20000원의 a %

4 $x = -2$일 때, 다음 식의 값을 구하시오.

(1) $3x$　　　　　(2) $10 - 4x$

(3) $-\dfrac{x}{16}$　　　　(4) $5 + \dfrac{6}{x}$

5 $a = 3, b = -7$일 때, 다음 식의 값을 구하시오.

(1) $3a + 5$　　　　(2) $2a - b^2$

(3) $\dfrac{2}{3}ab$　　　　(4) $\dfrac{b-2}{a}$

6 다음을 구하시오.

(1) $a = \dfrac{1}{2}$일 때, $\dfrac{8}{a}$의 값

(2) $a = -\dfrac{1}{5}$일 때, $\dfrac{3}{a}$의 값

핵심 체크

❶ 곱셈 기호의 생략 : $a \times (-3) \times b = -3ab$
부호 → 수 → 문자 순으로

❷ 나눗셈 기호의 생략 : $\blacktriangle \div \blacksquare = \dfrac{\blacktriangle}{\blacksquare}$, $\blacktriangle \div \blacksquare = \blacktriangle \times \dfrac{1}{\blacksquare}$
분수 꼴로　　역수의 곱셈으로

❸ (거리) = (속력) × (시간), (속력) = $\dfrac{(거리)}{(시간)}$, (시간) = $\dfrac{(거리)}{(속력)}$

❹ 문자에 대입하는 수가 음수이면 반드시 괄호를 사용한다.

❺ 분모에 분수를 대입할 때에는 나눗셈 기호 $\div$를 다시 쓴다.

7 다음 중 식 $\dfrac{x}{2}+3y-5$에 대한 설명으로 옳은 것에는 ○표, 옳지 않은 것에는 ×표를 하시오.

(1) 상수항은 -5이다. ( )

(2) y의 계수는 3이다. ( )

(3) x의 계수는 2이다. ( )

(4) 항 $3y$의 차수는 1이다. ( )

(5) 항이 $\dfrac{x}{2}$, $3y$, 5인 다항식이다. ( )

8 다음 중 일차식인 것을 모두 고르시오.

㉠ $5-3y$	㉡ x^2+2	㉢ $-a$
㉣ $\dfrac{3}{4}x-7$	㉤ $\dfrac{1}{x}$	㉥ $-5x^2-8$

9 다음을 계산하시오.

(1) $4\times(-9x)$

(2) $\left(-\dfrac{5}{6}x\right)\div\left(-\dfrac{1}{2}\right)$

(3) $(-6y+1)\times(-3)$

(4) $(10x+4)\div\left(-\dfrac{2}{3}\right)$

10 다음 중 $\dfrac{1}{2}x$와 동류항인 것을 모두 고르시오.

$2x$,	$\dfrac{1}{2}y$,	$\dfrac{3}{10}x$,	$8x^3$,	$-0.6x$,	4

11 다음 식을 간단히 하시오.

(1) $4y-7y+2y$

(2) $6x+1-2x-4$

(3) $(7x-4)-(2x-4)$

(4) $-2(5-4x)+3(-2x+3)$

(5) $4(5x-2)-(-3x+1)$

(6) $\dfrac{1}{2}(6x+10)-\dfrac{1}{4}(16x-12)$

(7) $3x-5\{8-(4-x)\}$

12 다음 식을 간단히 하시오.

(1) $\dfrac{5x+1}{2}+\dfrac{3x-4}{7}$

(2) $\dfrac{x+2}{2}-\dfrac{2x-3}{3}$

핵심 체크

❻ 일차식은 차수가 1인 다항식이다.

❼ (수)$\times$(일차식), (일차식)$\times$(수): 분배법칙을 이용하여 일차식의 각 항에 수를 곱한다.

❽ (일차식)$\div$(수): 분수 꼴로 바꾸거나 나누는 수의 역수를 곱한다.

❾ 계수가 분수인 일차식의 덧셈과 뺄셈 : 분모의 최소공배수로 통분한 후 동류항끼리 모아서 간단히 한다.

| 빅터 연산 **공부 계획표** |

일차방정식

방정식이라는 말은 중국의 "구장산술"이라는 옛 수학책에서 유래되었다.
이 책 속에 '방(方)은 비교하는 것, 정(程)은 수, 따라서 방정은 두 수를
비교하여 서로 같은 수를 만드는 방법'으로 설명되었고, 여기에 '제대로 된 모양새를
갖춘다.'는 뜻이 있는 '식(式)'이 붙어 '방정식'이라는 용어가 만들어진 것이라고 되어 있다.
우리나라에서는 최석정의 '구수략', 홍정하의 '구일집', 황윤석의 '이수신편' 등에
방정식에 대한 문제들이 다루어져 있다.

> 닭과 토끼가 모두 100마리
> 인데 다리를 세어 보니 272개
> 였다. 닭과 토끼는 각각
> 몇 마리인가?

01 등식 찾기

정답과 해설 | **12**쪽

등식 : 등호(＝)를 사용하여 수량 사이의 관계를 나타낸 식

예 등식인 것 : $2+4=6$, $2x-5=1$

등식이 아닌 것 : $3>1$, $3x+1$, $x-8\leq1$

[참고] 등식에서 등호의 왼쪽 부분을 좌변, 오른쪽 부분을 우변이라 하고 좌변과 우변을 통틀어 양변이라 한다.

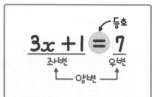

○ 다음 중 등식인 것에는 ○표, 등식이 아닌 것에는 ×표를 하시오.

1-1
$2-7=5$

➡ 등호가 있으므로 등식이다.

(   )

1-2 $3+5=8$ (   )

2-1 $x-1<0$ (   )   **2-2** $2x-1=7$ (   )

3-1 $2x-1$ (   )   **3-2** $-5a+1$ (   )

4-1 $4x+5>7$ (   )   **4-2** $7>5$ (   )

5-1 $1-5=4$ (   )   **5-2** $4+7=11$ (   )

6-1 $2x+4=3x$ (   )   **6-2** $4x-3\leq9$ (   )

> **핵심 체크**
>
> 등호가 없으면 등식이 아니다. 한편 등호를 사용하여 나타낸 식은 참, 거짓에 관계없이 등식이다. 즉 $1+3=5$와 같이 거짓인 식도 등호가 있으므로 등식이다.

02 문장을 등식으로 나타내기

정답과 해설 | 12쪽

문장을 등호를 사용하여 식으로 나타내기

'x를 **4**배 한 수는 x를 **3**배 한 수에 **1**을 더한 것과 같다.'
$\underset{4x}{\underline{}}$ $\underset{3x+1}{\underline{}}$ $\rightarrow$ $4x = 3x + 1$

○ 다음 문장을 등식으로 나타내시오.

1-1 $\underline{x와\ 7의\ 합은}$ / $\underline{10이다.}$

$\boxed{} = \boxed{}$

1-2 x에서 8을 뺀 수는 7이다.

_____

2-1 한 변의 길이가 x cm인 정삼각형의 둘레의 길이는 12 cm이다.

_____

2-2 한 변의 길이가 a cm인 정사각형의 둘레의 길이는 24 cm이다.

_____

3-1 a를 3배 한 수에 8을 더한 것은 17과 같다.

_____

3-2 x를 2배 한 수에 5를 더한 것은 11과 같다.

_____

4-1 한 개에 250원인 귤을 x개 사고 3000원을 내었을 때의 거스름돈은 500원이다.

_____

4-2 한 개에 x원인 아이스크림을 5개 사고 10000원을 내었을 때의 거스름돈은 3000원이다.

_____

5-1 한 개에 800원인 우유 x개와 한 개에 1000원인 주스 2개를 사고 4400원을 지불하였다.

_____

5-2 한 개에 1200원인 공책 y개와 한 개에 900원인 볼펜 3개를 사고 6300원을 지불하였다.

_____

> **핵심 체크**
>
> 문장을 등식으로 나타낼 때에는 문장을 적절히 끊어서 좌변과 우변에 해당하는 식을 구한 후 등호를 사용하여 나타낸다.

03 방정식과 해

① 방정식 : 미지수의 값에 따라 참이 되기도 하고, 거짓이 되기도 하는 등식
② 미지수 : x에 대한 방정식에서 문자 x → 미지수는 보통 x를 사용하지만 다른 문자를 사용할 수도 있다.
③ 방정식의 해(근) : 방정식을 참이 되게 하는 미지수의 값
④ 방정식을 푼다 : 방정식의 해를 구하는 것

예 등식 $2x=x+4$에서

x의 값	좌변의 값	우변의 값	참, 거짓 판별
3	$2\times3=6$	$3+4=7$	거짓
4	$2\times4=8$	$4+4=8$	참
5	$2\times5=10$	$5+4=9$	거짓

$2x=x+4$는 방정식이고, 방정식 $2x=x+4$의 해는 $x=4$이다.

참고 $x+1=x-1$과 같이 x에 어떤 값을 대입해도 항상 거짓인 등식은 방정식이 아니다.

○ 다음 표를 완성하고, 주어진 방정식의 해를 구하시오.

1-1 $2x-1=5$

x의 값	좌변	우변	참, 거짓 판별
0		5	
1	$2\times1-1=1$	5	거짓
2		5	
3		5	

➡ 방정식의 해는 $x=\boxed{}$

1-2 $3x+1=7$

x의 값	좌변	우변	참, 거짓 판별
1		7	
2		7	
3		7	
4		7	

➡ 방정식의 해는 $x=\boxed{}$

2-1 $4x-7=-3$

x의 값	좌변	우변	참, 거짓 판별
-1			
0			
1			
2			

➡ 방정식의 해는 $x=\boxed{}$

2-2 $3x+5=x-1$

x의 값	좌변	우변	참, 거짓 판별
0			
-1			
-2			
-3			

➡ 방정식의 해는 $x=\boxed{}$

핵심 체크

x의 값을 대입했을 때 (좌변)=(우변)이면 그 x의 값이 방정식의 해이다.

○ 다음 방정식 중 해가 $x=-4$인 것에는 ○표, 아닌 것에는 ×표를 하시오.

3-1 $2x-8=1$ ( ) **3-2** $3x+8=x$ ( )

4-1 $\dfrac{1}{2}x+3=x+5$ ( ) **4-2** $2(1-x)=x+2$ ( )

○ 다음 중 [ ] 안의 수가 주어진 방정식의 해이면 ○표, 해가 아니면 ×표를 하시오.

5-1
┌─────────────────────────┐
$3x=3\,[\,0\,]$

➡ (좌변)$=3\times0=$ ☐
 (우변)$=3$
 즉 (좌변)$\neq$(우변)이므로 해가 아니다.
( )
└─────────────────────────┘

5-2 $2x+3=5\,[\,-1\,]$ ( )

6-1 $x+3=3\,[\,0\,]$ ( ) **6-2** $2x-4=2\,[\,3\,]$ ( )

7-1 $-3x+1=5\,[\,-2\,]$ ( ) **7-2** $-3x=-x+8\,[\,-4\,]$ ( )

8-1 $3-x=3x-5\,[\,4\,]$ ( ) **8-2** $5x-8=9x+4\,[\,-3\,]$ ( )

9-1 $2(x+2)=x-4\,[\,-1\,]$ ( ) **9-2** $3(2-x)=2x-5\,[\,1\,]$ ( )

┌─ **핵심 체크** ─────────────────────────────────┐
• $x=$●가 방정식 $ax+b=0$의 해이면 $a\times$●$+b=0$이 성립한다.
• 주어진 수를 방정식에 대입할 때, 그 수가 음수이면 괄호를 사용하여 대입한다.
└──┘

2

일차방정식

04 항등식

❶ 항등식 : 미지수에 어떤 값을 대입해도 항상 참이 되는 등식

　예 $x+2x=3x$

x의 값	좌변	우변	참, 거짓 판별
-1	$-1+2\times(-1)=-3$	$3\times(-1)=-3$	참
0	$0+2\times0=0$	$3\times0=0$	참
1	$1+2\times1=3$	$3\times1=3$	참

　➡ x에 어떤 값을 대입해도 항상 참이 되는 등식이므로 $x+2x=3x$는 항등식이다.

❷ 항등식이 되기 위한 조건 : (좌변)＝(우변)

　➡ $ax+b=cx+d$가 x에 대한 항등식이 되는 조건은 $a=c$, $b=d$이다.

○ 다음 주어진 두 등식 중 항등식인 것을 고르시오.

1-1
　㉠ $-(x+1)=1+x$
　㉡ $2x=2(x+1)-2$　　항등식 : ____

➡ ㉠에서 (좌변)＝ ▢
　(좌변)≠(우변)이므로 항등식이 아니다.
　㉡에서 (우변)＝$2x+2-2=$ ▢
　(좌변)＝(우변)이므로 ▢ 이다.

1-2
　㉠ $9x-6x=3x$
　㉡ $3+4x=7x$　　항등식 : ____

2-1
　㉠ $3x-3=x$
　㉡ $2x+3x=5x$　　항등식 : ____

2-2
　㉠ $9x+3=5x+6$
　㉡ $2(x-3)=2x-6$　　항등식 : ____

○ 다음 등식이 x에 대한 항등식이 되도록 상수 a, b의 값을 각각 정하시오.

3-1 $2x+a=bx+3 \Rightarrow a=3$, $b=$ ▢

3-2 $ax+1=-5x+b$　　____

4-1 $2-ax=-x+b$　　____

4-2 $3x-a=bx+5$　　____

핵심 체크

등식이 x에 대한 항등식인지 확인할 때, x에 모든 수를 대입하는 것은 불가능하므로 등식의 양변을 정리하여
(좌변)＝(우변)인지 확인한다.

기본연산 집중연습 | 01~04

정답과 해설 | 13쪽

○ 다음 중 등식인 것에는 ○표, 등식이 아닌 것에는 ×표를 하시오.

1-1 $2x+5$ ( ) **1-2** $5+6=9$ ( )

1-3 $3x-1=5$ ( ) **1-4** $x \leq 2$ ( )

1-5 $-2x+5x=3x$ ( ) **1-6** $2x-1=2x-1$ ( )

1-7 $5x-3>12$ ( ) **1-8** $2x+4x=6x$ ( )

○ 다음 중 방정식인 것에는 '방', 항등식인 것에는 '항'을 써넣으시오.

2-1 $x-3=3-x$ ( ) **2-2** $x+x=x$ ( )

2-3 $5x-x=4x$ ( ) **2-4** $-3(x+1)+7=-3x+4$ ( )

2-5 $4+x=5x$ ( ) **2-6** $x+8=3x+8-2x$ ( )

2-7 $\dfrac{1}{2}x+1=3$ ( ) **2-8** $4(x+1)=3x+1-x$ ( )

핵심 체크

❶ 등식 : 등호(=)를 사용하여 수량 사이의 관계를 나타낸 식

예) $\underset{\text{좌변}}{2x-1} \overset{\text{등호}}{=} \underset{\text{우변}}{5x}$

❷ 방정식 : 미지수의 값에 따라 참이 되기도 하고 거짓이 되기도 하는 등식

❸ 항등식 : 미지수에 어떤 값을 대입해도 항상 참이 되는 등식

STEP 2

○ 문 A, B, C, D에는 방정식이 적혀 있고 이 4개의 문은 문에 적힌 방정식의 해가 적혀 있는 열쇠로만 열 수 있다고 한다. 각 학생들이 가지고 있는 열쇠로 열 수 있는 문을 구하시오.

3-1

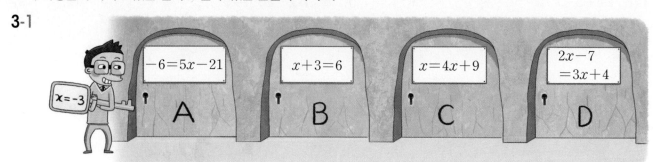

3-2

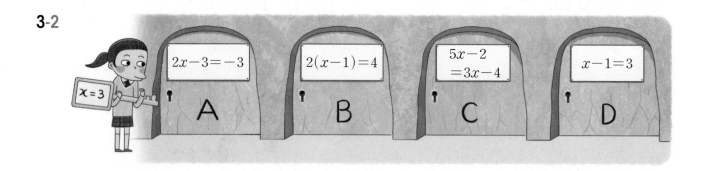

3-3

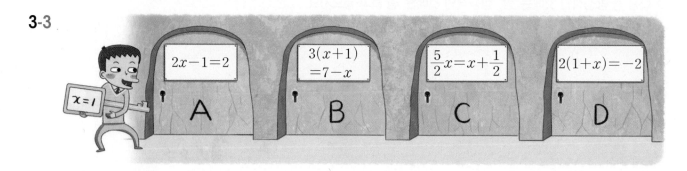

3-4

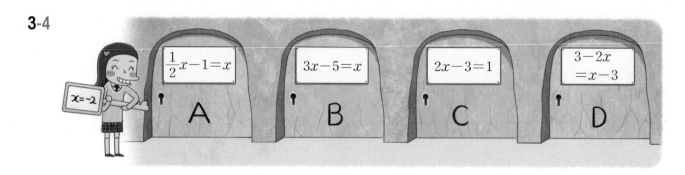

핵심 체크

④ 방정식의 x에 어떤 수를 대입하였을 때 ┌ 참이 되면 어떤 수는 그 방정식의 해이다.
                                    └ 거짓이 되면 어떤 수는 그 방정식의 해가 아니다.

05 등식의 성질

정답과 해설 | 14쪽

① 등식의 양변에 같은 수를 더하여도 등식은 성립한다.
② 등식의 양변에서 같은 수를 빼어도 등식은 성립한다.
③ 등식의 양변에 같은 수를 곱하여도 등식은 성립한다.
④ 등식의 양변을 0이 아닌 같은 수로 나누어도 등식은 성립한다.

① $a=b$이면 $a+c=b+c$
② $a=b$이면 $a-c=b-c$
③ $a=b$이면 $ac=bc$
④ $a=b$이면 $\dfrac{a}{c}=\dfrac{b}{c}$ (단, $c\neq0$) └→중요

○ $a=b$일 때, 다음 □ 안에 알맞은 것을 써넣으시오.

1-1 $a+1=b+\boxed{}$

1-2 $a-3=b-\boxed{}$

2-1 $a\times4=b\times\boxed{}$

2-2 $a\div2=b\div\boxed{}$

○ 다음 중 옳은 것에는 ○표, 옳지 않은 것에는 ×표를 하시오.

3-1
> $a=b$이면 $a-4=b-4$이다. ( )
> ➡ $a=b$이면 $a-4=b-\boxed{}$

3-2 $a=b$이면 $-5a=-5b$이다. ( )
➡ $a=b$이면 $-5\times a=\boxed{}\times b$

4-1 $2x=2y$이면 $x=y$이다. ( )
➡ $2x=2y$이면 $\dfrac{2x}{2}=\dfrac{2y}{\boxed{}}$

4-2 $4y=2$이면 $y=2$이다. ( )
➡ $4y=2$이면 $4y\times\dfrac{1}{4}=2\times\boxed{}$
└→ $y=\boxed{}$

5-1 $\dfrac{x}{2}=\dfrac{y}{3}$이면 $2x=3y$이다. ( )
➡ $\dfrac{x}{2}=\dfrac{y}{3}$이면 $\dfrac{x}{2}\times4=\dfrac{y}{3}\times\boxed{}$
└→ $2x=\boxed{}y$

5-2 $a=b$이면 $\dfrac{a}{4}=\dfrac{b}{4}$이다. ( )
➡ $a=b$이면 $\dfrac{a}{4}=\dfrac{b}{\boxed{}}$

핵심 체크

어떤 수를 0으로 나눌 수 없으므로 등식의 양변을 c로 나눌 때에는 '$c\neq0$'이라는 조건이 반드시 필요하다.

06 등식의 성질을 이용한 방정식의 풀이 (1)

정답과 해설 | **14**쪽

$x-3=2$ ──등식의 성질 ①──→ 양변에 3을 더한다. $x-3+3=2+3$ $\therefore x=5$

$x+4=7$ ──등식의 성질 ②──→ 양변에서 4를 뺀다. $x+4-4=7-4$ $\therefore x=3$

$\dfrac{x}{2}=6$ ──등식의 성질 ③──→ 양변에 2를 곱한다. $\dfrac{x}{2}\times2=6\times2$ $\therefore x=12$

$3x=12$ ──등식의 성질 ④──→ 양변을 3으로 나눈다. $\dfrac{3x}{3}=\dfrac{12}{3}$ $\therefore x=4$

○ 등식의 성질을 이용하여 다음 방정식을 푸시오.

1-1
$x-7=6$
➡ 양변에 7을 더하면
$x-7+\boxed{}=6+\boxed{}$ $\therefore x=\boxed{}$

1-2 $x-6=-10$
_____

2-1
$x+9=4$
➡ 양변에서 9를 빼면
$x+9-\boxed{}=4-\boxed{}$ $\therefore x=\boxed{}$

2-2 $10+x=7$
_____

3-1
$\dfrac{x}{3}=7$
➡ 양변에 3을 곱하면
$\dfrac{x}{3}\times\boxed{}=7\times\boxed{}$ $\therefore x=\boxed{}$

3-2 $-\dfrac{x}{5}=2$
_____

4-1
$-3x=15$
➡ 양변을 -3으로 나누면
$\dfrac{-3x}{\boxed{}}=\dfrac{15}{\boxed{}}$ $\therefore x=\boxed{}$

4-2 $4x=-8$
_____

> **핵심 체크**
>
> 방정식의 해는 $x=(수)$의 꼴이므로 등식의 성질을 이용하여 주어진 방정식을 $x=(수)$의 꼴로 고쳐 방정식의 해를 구할 수 있다.

07 등식의 성질을 이용한 방정식의 풀이 (2)

정답과 해설 | 14쪽

$$2x - 3 = 5$$
$$2x - 3 + 3 = 5 + 3$$ 양변에 3을 더한다. (등식의 성질 ①)
$$2x = 8$$
$$\frac{2x}{2} = \frac{8}{2}$$ 양변을 2로 나눈다. (등식의 성질 ④)
$$\therefore x = 4$$
└─ $2x - 3 = 5$의 해

양변에 3을 더하고 양변을 2로 나누는 것은 방정식 $2x - 3 = 5$의 해 $x = 4$를 구하는 과정이다.

○ 등식의 성질을 이용하여 다음 방정식을 푸시오.

1-1
$$-4x + 2 = 6$$
$$-4x + 2 - \boxed{} = 6 - \boxed{}$$ 양변에서 $\boxed{}$를 뺀다.
$$-4x = \boxed{}$$
$$\frac{-4x}{\boxed{}} = \frac{\boxed{}}{\boxed{}}$$ 양변을 $\boxed{}$로 나눈다.
$$\therefore x = \boxed{}$$

1-2 $2x - 3 = -11$ _____

2-1 $3x - 1 = 8$ _____

2-2 $-5x + 7 = -3$ _____

3-1 $\frac{1}{2}x - 3 = 2$ _____

3-2 $\frac{x}{5} - 2 = -3$ _____

4-1 $\frac{2}{3}x - \frac{5}{2} = \frac{1}{6}$ _____

4-2 $\frac{x-3}{2} = 5$ _____

핵심 체크

계수가 분수인 일차방정식의 해를 등식의 성질을 이용하여 구할 때 다음과 같은 2가지 방법으로 구할 수 있다.

방법 1 $\frac{2}{3}x - 1 = \frac{5}{6} \Rightarrow \frac{2}{3}x - 1 + 1 = \frac{5}{6} + 1 \Rightarrow \frac{2}{3}x = \frac{11}{6} \Rightarrow \frac{2}{3}x \times \frac{3}{2} = \frac{11}{6} \times \frac{3}{2} \Rightarrow x = \frac{11}{4}$

방법 2 $\frac{2}{3}x - 1 = \frac{5}{6} \Rightarrow \left(\frac{2}{3}x - 1\right) \times 6 = \frac{5}{6} \times 6 \Rightarrow 4x - 6 = 5 \Rightarrow 4x - 6 + 6 = 5 + 6 \Rightarrow 4x = 11 \Rightarrow \frac{4x}{4} = \frac{11}{4} \Rightarrow x = \frac{11}{4}$

08 이항

이항 : 등식의 성질을 이용하여 등식의 어느 한 변에 있는 항을 부호를 바꾸어 다른 변으로 옮기는 것

$$2x \underline{-1} = 7$$

$$2x = 7 \underline{+1} \longleftarrow \text{부호가 바뀐다.}$$

$$2x \underline{-1} = \underline{3x} + 2$$

$$2x \underline{-3x} = 2 \underline{+1} \longleftarrow \text{부호가 바뀐다.}$$

○ 다음 등식에서 밑줄 친 항을 이항하시오.

1-1 $\boxed{x \underline{+4} = 5 \Rightarrow x = 5 - \boxed{}}$

1-2 $2x \underline{-5} = 5 \Rightarrow$ _____

2-1 $2x = \underline{x} - 3 \Rightarrow$ _____

2-2 $5x \underline{+6} = -4 \Rightarrow$ _____

3-1 $3x \underline{-3} = \underline{x} + 1 \Rightarrow$ _____

3-2 $\underline{3} + x = \underline{7x} - 10 \Rightarrow$ _____

○ 다음을 이항을 이용하여 $ax = b(a > 0)$의 꼴로 나타내시오.

4-1 $\boxed{\begin{array}{l} 3x - 1 = x - 5 \\ 3x - x = -5 + 1 \Rightarrow 2x = \boxed{} \end{array}}$

4-2 $4x - 5 = 3x + 2$

_____

5-1 $-2x - 1 = -3x + 4$

_____

5-2 $4x + 3 = 2x - 5$

_____

> **핵심 체크**
>
> 이항을 하면 부호가 바뀐다.
>
> ① $+\bullet$를 이항하면 ➡ $-\bullet$
> ② $-\bullet$를 이항하면 ➡ $+\bullet$

09 일차방정식

일차방정식 : 방정식에서 우변의 모든 항을 좌변으로 이항하여 동류항끼리 정리하였을 때,
(x에 대한 일차식)=0의 꼴로 나타내어지는 방정식을 x에 대한 일차방정식이라 한다.
$ax+b=0(a \neq 0)$

$$2x+1=x+3 \xrightarrow[\text{좌변으로 이항한다.}]{\text{우변의 모든 항을}} 2x+1-x-3=0 \xrightarrow[\text{정리한다.}]{\text{좌변을}} x-2=0 \text{(일차방정식)}$$
└→ x에 대한 일차식

○ 다음 중 일차방정식인 것에는 ○표, 일차방정식이 아닌 것에는 ×표를 하시오.

1-1 $x=2x-3$ ( )

➡ 우변에 있는 모든 항을 좌변으로 이항하면

$x-2x+3=0$

$-x+\boxed{}=0$
└→ x에 대한 일차식

1-2 $3x=1$ ( )

2-1 $3x-10=3x-1$ ( )

2-2 $4x+7$ ( )

3-1 $4x+1=2x-5$ ( )

3-2 $8x=3x$ ( )

4-1 $x^2+x=1-2x$ ( )

4-2 $x^2-3=x^2+2x+5$ ( )

5-1 $3(x+2)+1=3x-4$ ( )

5-2 $2(x+1)-5$ ( )

6-1 $x(x+5)=x^2-2$ ( )

6-2 $6x-3(x+1)=7$ ( )

핵심 체크

어느 등식이 일차방정식인지 아닌지 판단할 때에는 반드시 모든 항을 좌변으로 이항하여 (x에 대한 일차식)=0의 꼴인지 확인한다.

예 $2x+3=2(x-1)$ ➡ $2x+3=2x-2$ ➡ $5=0$ (일차방정식이 아니다.)

기본연산 집중연습 | 05~09

○ 다음 중 옳은 것에는 ○표, 옳지 않은 것에는 ×표를 하시오.

1-1 $a=b$이면 $a-1=b+1$이다. (   )

1-2 $3a=3b$이면 $a=b$이다. (   )

1-3 $2a=b$이면 $2a+1=b+1$이다. (   )

1-4 $\dfrac{x}{3}=\dfrac{y}{4}$이면 $3x=4y$이다. (   )

1-5 $-\dfrac{a}{2}=-\dfrac{b}{2}$이면 $a=b$이다. (   )

1-6 $x=y$이면 $2x+1=2y+1$이다. (   )

1-7 $8y=2x$이면 $y=4x$이다. (   )

1-8 $6x=9y$이면 $2x=3y$이다. (   )

○ 등식의 성질을 이용하여 다음 방정식을 푸시오.

2-1 $x-3=-8$

2-2 $x+9=5$

2-3 $5x=20$

2-4 $-6x=18$

2-5 $3x-5=4$

2-6 $-8-6x=4$

2-7 $\dfrac{1}{3}x-3=-5$

2-8 $\dfrac{3x-4}{4}=2$

핵심 체크

❶ 등식의 성질

　(ⅰ) $a=b$이면 $a+c=b+c$

　(ⅱ) $a=b$이면 $a-c=b-c$

　(ⅲ) $a=b$이면 $ac=bc$

　(ⅳ) $a=b$이면 $\dfrac{a}{c}=\dfrac{b}{c}$ (단, $c\neq0$)

○ 다음을 이항을 이용하여 $ax=b\,(a>0)$의 꼴로 나타내시오.

3-1 $2x+5=-x$

3-2 $6x=-x+21$

3-3 $3x+1=8$

3-4 $5x=3x-2$

3-5 $2x+1=-x+4$

3-6 $3x-1=x-5$

3-7 $7x-5=3x+1$

3-8 $-4x+5=2x-1$

○ 다음 중 일차방정식인 것에는 ○표, 일차방정식이 아닌 것에는 ×표를 하시오.

4-1 $0-2=7$ ( )

4-2 $-(x-1)=x-1$ ( )

4-3 $4x+3=2(2x-1)$ ( )

4-4 $3x-1=5+3x$ ( )

4-5 $7x-14>0$ ( )

4-6 $3x+2=x-(2x+1)$ ( )

4-7 $2x-x^2=1-x^2$ ( )

4-8 $4x-5$ ( )

핵심 체크

② 이항 : 등식의 성질을 이용하여 등식의 어느 한 변에 있는 항을 부호를 바꾸어 다른 변으로 옮기는 것

③ 일차방정식 : (x에 대한 일차식)$=0$의 꼴로 나타낼 수 있는 방정식

④ x에 대한 일차방정식 ➡ (x에 대한 일차식)$=0$
　　　　　　　　　　　➡ $ax+b=0\,(a\neq0)$

10 일차방정식의 풀이 (1)

4x+5=−3의 해 구하기

$$4x+5=-3$$
$$4x=-3-5 \quad \text{5를 이항한다.}$$
$$4x=-8$$
$$\therefore x=-2 \quad \text{양변을 4로 나눈다.}$$

① 미지수 x를 포함하는 항은 좌변으로, 상수항은 우변으로 이항한다.

② 양변을 정리하여 $ax=b\,(a\neq0)$의 꼴로 나타낸다.

③ 양변을 x의 계수 a로 나눈다.

○ 다음 일차방정식을 푸시오.

1-1 $x-3=11$

$$x-3=11$$
$$x=11+3 \quad \boxed{}\text{을 이항한다.}$$
$$\therefore x=\boxed{}$$

1-2 $x+6=9$

2-1 $-3+x=8$

2-2 $x+\dfrac{5}{3}=\dfrac{1}{3}$

3-1 $6x+5=17$

$$6x+5=17$$
$$6x=17-\boxed{} \quad \boxed{}\text{를 이항한다.}$$
$$6x=\boxed{}$$
$$\therefore x=\boxed{} \quad \text{양변을 }\boxed{}\text{으로 나눈다.}$$

3-2 $2x-3=-11$

4-1 $-3x+3=6$

4-2 $8+5x=-7$

5-1 $1-2x=11$

5-2 $-7-4x=-15$

핵심 체크

이항을 이용하여 일차방정식을 풀 때, 미지수 x를 포함하는 항은 좌변으로, 상수항은 우변으로 이항한다.

○ 다음 일차방정식을 푸시오.

6-1
$$-2x=3-x$$

$$-2x=3-x$$
$$-2x+\boxed{}=3 \quad \lrcorner \; -x를 이항한다.$$
$$\boxed{}=3$$
$$\therefore x=\boxed{} \quad \lrcorner \; 양변을 \boxed{}로 나눈다.$$

6-2 $7x=5x-4$ _____

7-1 $5x=-3x+24$ _____

7-2 $3x=-2x+30$ _____

8-1 $-3x=x-16$ _____

8-2 $-x=4x+20$ _____

9-1 $2x-3=x$ _____

9-2 $18-3x=3x$ _____

10-1 $5x-20=-3x$ _____

10-2 $7x+27=-2x$ _____

11-1 $-9x-10=-8x$ _____

11-2 $5x+18=-4x$ _____

핵심 체크

일차방정식의 풀이 순서

① 이항하기 ➡ ② $ax=b(a\neq0)$의 꼴로 나타내기 ➡ ③ 양변을 x의 계수 a로 나누기

11 일차방정식의 풀이 (2)

$1+5x=-x+4$의 해 구하기

$$1+5x=-x+4$$
$$5x+x=4-1$$
$$6x=3$$
$$\therefore x=\frac{1}{2}$$

좌변의 1을 우변으로, 우변의 $-x$를 좌변으로 이항한다.

양변을 정리하여 $ax=b\,(a\neq0)$의 꼴로 나타낸다.

양변을 6으로 나눈다.

○ 다음 일차방정식을 푸시오.

1-1 $9x-5=2x+23$

$$9x-5=2x+23$$
$$9x-2x=23+\boxed{}$$
$$7x=\boxed{}$$
$$\therefore x=\boxed{}$$

$\boxed{}$, $2x$를 이항한다.

$ax=b\,(a\neq0)$의 꼴로 나타낸다.

양변을 $\bigcirc$로 나눈다.

1-2 $5x+8=2x-4$ _____

2-1 $2x+7=19-4x$ _____

2-2 $3x-4=x+2$ _____

3-1 $8x+3=5x+18$ _____

3-2 $6x-1=4x-3$ _____

4-1 $5x+10=3x+20$ _____

4-2 $7x+4=-x-20$ _____

5-1 $8x+1=-2+2x$ _____

5-2 $2x+5=-2x-13$ _____

핵심 체크

방정식을 풀 때, 자주 하는 실수

$$2x+3=x+5$$
$$=2x-x=5-3$$
$$=x=2$$

등식의 앞부분에 등호를 쓰면 안 된다.

○ 다음 일차방정식을 푸시오.

6-1 $6x-3=10x+5$ _____

6-2 $2x-14=7x+1$ _____

7-1 $3x+2=8x-3$ _____

7-2 $8x-10=9x-4$ _____

8-1 $4x+9=7x+3$ _____

8-2 $9x+5=14x-15$ _____

9-1 $-3x+8=6x+17$ _____

9-2 $9-x=2+6x$ _____

10-1 $9-4x=-2x+10$ _____

10-2 $-8x-10=-11x-9$ _____

11-1 $-2x-5=5x-12$ _____

11-2 $-5-x=2x+16$ _____

핵심 체크

이항할 때 부호에 주의한다.

➡ $-x$를 이항하면 $+x$, $3x$를 이항하면 $-3x$이다.

2
일차방정식

12 일차방정식의 풀이 ⑶

$$2(3x+1)=4x-6$$
$$6x+2=4x-6 \quad \text{← 분배법칙을 이용하여 괄호를 푼다.}$$
$$6x-4x=-6-2 \quad \text{← 좌변의 2를 우변으로, 우변의 } 4x \text{를 좌변으로 이항한다.}$$
$$2x=-8 \quad \text{← 양변을 정리하여 } ax=b\,(a\neq0)\text{의 꼴로 나타낸다.}$$
$$\therefore x=-4 \quad \text{← 양변을 2로 나눈다.}$$

○ 다음 일차방정식을 푸시오.

1-1
$$3(x+2)=-3$$
$$3x+6=-3 \quad \text{← 분배법칙을 이용하여 괄호를 푼다.}$$
$$3x=-3-\boxed{} \quad \text{← 이항한다.}$$
$$3x=\boxed{} \quad \text{← 양변을 정리한다.}$$
$$\therefore x=\boxed{} \quad \text{← 양변을 }\boxed{}\text{으로 나눈다.}$$

1-2 $4(x-2)=8$ _____

2-1 $-5(x-1)=15$ _____

2-2 $-2(2x+3)=6$ _____

3-1
$$2(x+3)-1=-7$$
$$2x+6-1=-7 \quad \text{← 분배법칙을 이용하여 괄호를 푼다.}$$
$$2x=-7-\boxed{} \quad \text{← 이항한다.}$$
$$2x=\boxed{} \quad \text{← 양변을 정리한다.}$$
$$\therefore x=\boxed{} \quad \text{← 양변을 }\boxed{}\text{로 나눈다.}$$

3-2 $4(2x+1)+1=13$ _____

4-1 $x+2(3x-8)=-2$ _____

4-2 $3x+2(x-4)=7$ _____

핵심 체크

괄호가 있는 일차방정식의 풀이 순서

① 괄호 풀기 ➡ ② 이항하기 ➡ ③ $ax=b\,(a\neq0)$의 꼴로 나타내기 ➡ ④ 양변을 x의 계수 a로 나누기

○ 다음 일차방정식을 푸시오.

5-1
$$5x-13=-2(x-4)$$
$$5x-13=-2x+8$$
$$5x+2x=8+13$$
$$\boxed{}=21$$
$$\therefore x=\boxed{}$$

분배법칙을 이용하여
괄호를 푼다.
$\boxed{}$, $\boxed{}$를 이항한다.
양변을 정리한다.
양변을 x의 계수로 나눈다.

5-2 $7x-6=-3(x-8)$ _____

6-1 $3x-2(x-1)=8$ _____

6-2 $2x-3(2-x)=4$ _____

7-1 $5x-(3x-8)=6$ _____

7-2 $1-4(x+1)=9$ _____

8-1 $3(x-5)=-(x+7)$

_____

8-2 $5(6-2x)=-2(9x+1)$

_____

9-1 $2(2x-3)=5(x+1)$

_____

9-2 $3(x+8)=3-(7x-1)$

_____

10-1 $4(x-1)-3(x+1)=1$

_____

10-2 $3(5-x)+2(x-5)=8$

_____

> **핵심 체크**
>
> 괄호가 있는 일차방정식에서 괄호 앞에 음수가 곱해져 있으면 괄호를 풀 때 부호에 주의한다.
>
> 예 $3x-2(x-1)=8$에서 $3x-2x-2=8(\times)$, $3x-2x+2=8(\bigcirc)$

기본연산 집중연습 | 10~12

1. 수빈이는 일차방정식의 해가 $x = -3$인 곳에 깃발을 꽂으려고 한다. 수빈이가 깃발을 꽂은 깃발통은 모두 몇 개인지 구하시오.

❶ $ax + b = c$ 꼴의 일차방정식은 상수항을 우변으로 이항하여 해를 구한다.

❷ $ax + b = cx$ 꼴의 일차방정식은 문자를 포함한 항은 좌변으로, 상수항은 우변으로 이항하여 해를 구한다.

○ 다음 일차방정식을 푸시오.

2-1 $5x+4=2x-5$

2-2 $4x-3=2x+5$

2-3 $4x-7=2x-9$

2-4 $3x+4=10+6x$

2-5 $5x-9=8x+6$

2-6 $4x-11=12x-15$

2-7 $4x-5=-14-5x$

2-8 $4-7x=-3x+8$

2-9 $7-2x=-3x+5$

2-10 $7x+8=-10-2x$

2-11 $6-5x=3x-10$

2-12 $-1+6x=8-3x$

2-13 $6x-5=-3x+4$

2-14 $-x-8=9x-2$

핵심 체크

❸ $ax+b=cx+d$ 꼴의 일차방정식은 문자를 포함한 항은 좌변으로, 상수항은 우변으로 이항하여 해를 구한다.

STEP 2

○ 다음 일차방정식의 해를 차례로 구하고, 해가 더 큰 일차방정식의 글자에 ○표를 하시오.

3-1
$3(x-7)=x+9$ 공
$7=5-(6+2x)$ 수

3-2
$-3x+4(2x-1)=-14$ 수
$6-3(x-4)=-5x$ 인

3-3
$x-(2-x)=2+4x$ 마
$3(x+4)=2(4x+6)$ 래

3-4
$2x+4(3x-5)=9x$ 공
$5-3(x-1)=-5x+2$ 옹

3-5
$4(2x-1)+10=11x$ 수
$3(5-x)+2(x-5)=8$ 지

3-6
$4(x-1)=3(x+2)$ 거
$4(x-3)+8=2(x+2)$ 생

○표 한 글자를 번호대로 빈칸에 써넣으면 재물에 욕심을
부릴 필요가 없다는 것을 뜻하는 고사성어가 나와요.

3-1	3-2	3-3	3-4	3-5	3-6

핵심 체크

❹ 괄호가 있는 일차방정식의 풀이 : 괄호가 있는 일차방정식은 분배법칙을 이용하여 괄호를 먼저 푼다. 이때 부호에 주의한다.

예 $-2(x+3)=8$ ➡ $-2x-6=8$

13 일차방정식의 풀이 (4)

정답과 해설 | **18**쪽

계수가 소수인 일차방정식 : 양변에 10, 100, 1000, … 중 적당한 수를 곱하여 계수를 정수로 바꾸어 푼다.

$0.35x-1=-0.3$의 해 구하기

$$0.35x-1=-0.3$$
$$(0.35x-1)\times100=-0.3\times100$$
$$35x-100=-30$$
$$35x=-30+100$$
$$35x=70$$
$$\therefore x=2$$

양변에 100을 곱한다.
분배법칙을 이용하여 괄호를 푼다.
좌변의 -100을 우변으로 이항한다.
양변을 정리한다.
양변을 x의 계수 35로 나눈다.

2
일차방정식

○ 다음 일차방정식을 푸시오.

1-1
$$1.2x+0.9=-1.5$$
$$(1.2x+0.9)\times10=-1.5\times10$$
$$12x+\square=\square$$
$$12x=\square \qquad \therefore x=\square$$
양변에 $\square$을 곱한다.

1-2 $0.2x+1.1=-0.7$

2-1 $2.1x=0.5x-3.2$

2 2 $1.1x=0.8x-1.8$

3-1 $0.8x+0.3=0.4x+3.9$

3-2 $1.3x+0.1=0.8x+2.6$

4-1 $0.3x-0.2=0.5x+1$

4-2 $0.5x-0.4=2-0.3x$

5-1 $0.2x-1.5=1.1x+3$

5-2 $0.2x-4.3=1.3x-1$

핵심 체크

계수가 소수인 일차방정식의 양변에 10의 거듭제곱을 곱할 때에는 모든 항에 똑같은 수를 빠짐없이 곱해야 한다.

$$0.3x-1=0.1x+0.4 \xrightarrow[\text{양변에 10을 곱한다.}]{} 3x-1=x+4(\times),\ 3x-10=x+4(\bigcirc)$$

13 일차방정식의 풀이 (4)

○ 다음 일차방정식을 푸시오.

6-1 $0.6x + 0.18 = 1.5x$

_____

6-2 $0.12x - 0.28 = 0.8$

_____

7-1 $0.3x + 0.54 = 0.12x$

_____

7-2 $0.05x = 0.14 + 0.03x$

_____

8-1 $0.75x - 2 = 0.5x$

_____

8-2 $1.2 - 0.05x = -0.01x$

_____

9-1 $1.26x - 0.6 = 1.3x - 1$

_____

9-2 $0.15x - 0.3 = 0.2x - 1$

_____

10-1 $0.04x + 0.16 = 0.1x - 0.8$

_____

10-2 $0.07x - 0.2 = 0.05x + 1.8$

_____

11-1 $0.06x - 0.5 = 0.03x + 0.7$

_____

11-2 $0.09x + 1 = 0.34 - 0.02x$

_____

핵심 체크

계수가 소수인 일차방정식의 풀이 순서

① 양변에 $10, 100, \cdots$ 을 곱하여 계수를 정수로 바꾼다. ➡ ② (x를 포함하는 모든 항) = (모든 상수항)이 되도록 이항한다.

➡ ③ $ax = b(a \neq 0)$의 꼴로 나타낸다. ➡ ④ 양변을 x의 계수 a로 나누어 해를 구한다.

14 일차방정식의 풀이 (5)

$0.2(x+6)=-0.4x$의 해 구하기

$$0.2(x+6)=-0.4x$$
$$2(x+6)=-4x$$ — 양변에 10을 곱한다.
$$2x+12=-4x$$ — 분배법칙을 이용하여 괄호를 푼다.
$$2x+4x=-12$$ — 좌변의 12를 우변으로, 우변의 $-4x$를 좌변으로 이항한다.
$$6x=-12$$ — 양변을 정리한다.
$$\therefore x=-2$$ — 양변을 x의 계수 6으로 나눈다.

○ 다음 일차방정식을 푸시오.

1-1

$$0.5x-0.2(x-2)=1$$
$$0.5x\times10-0.2(x-2)\times10=1\times10$$
$$5x-2(x-2)=10$$
$$5x-2x+\boxed{}=10$$
$$3x=\boxed{}$$
$$\therefore x=\boxed{}$$

1-2 $0.1(3x-5)=1$

2-1 $0.4(x-3)-1.4=0.2$

2-2 $0.1x+0.6=0.3(2x-3)$

3-1 $0.2(x-4)=0.5(x+2)$

3-2 $0.2(x-3)=0.3x-1$

4-1 $0.6x-1=4(0.3x-0.7)$

4-2 $0.3x+0.2=2(0.2x-1)$

핵심 체크

계수가 소수인 일차방정식에서 괄호가 있으면 양변에 10의 거듭제곱을 곱한 후 분배법칙을 이용하여 괄호를 푼다.

15 일차방정식의 풀이 (6)

계수가 분수인 일차방정식 : 양변에 분모의 최소공배수를 곱하여 계수를 정수로 바꾸어 푼다.

$\boxed{\dfrac{2}{3}x+1=\dfrac{1}{6}x\text{의 해 구하기}}$

$$\frac{2}{3}x+1=\frac{1}{6}x$$

$$\left(\frac{2}{3}x+1\right)\times 6=\frac{1}{6}x\times 6 \quad\longleftarrow\text{양변에 분모의 최소공배수 }6\text{을 곱한다.}$$

$$4x+6=x \quad\longleftarrow\text{분배법칙을 이용하여 괄호를 푼다.}$$

$$\quad\longleftarrow\text{좌변의 }6\text{을 우변으로, 우변의 }x\text{를 좌변으로 이항한다.}$$

$$4x-x=-6 \quad\longleftarrow\text{양변을 정리한다.}$$

$$3x=-6 \quad\longleftarrow\text{양변을 }x\text{의 계수 }3\text{으로 나눈다.}$$

$$\therefore x=-2$$

○ 다음 일차방정식을 푸시오.

1-1

$$\frac{x}{4}=\frac{2}{3}x+5$$

$$\frac{x}{4}\times\boxed{}=\left(\frac{2}{3}x+5\right)\times\boxed{} \quad\longleftarrow\text{양변에 분모의 최소공배수 }\boxed{}\text{를 곱한다.}$$

$$3x=\boxed{}+60$$

$$\boxed{}x=60 \qquad \therefore x=\boxed{}$$

1-2 $\dfrac{1}{2}x+3=\dfrac{2}{5}x$

_____

2-1 $\dfrac{1}{2}x-4=\dfrac{1}{3}x$

_____

2-2 $\dfrac{4}{3}x=\dfrac{2}{5}x+\dfrac{7}{3}$

_____

3-1 $\dfrac{2}{3}x-2=\dfrac{3}{4}x$

_____

3-2 $\dfrac{3}{2}x=-\dfrac{1}{4}x+7$

_____

4-1 $\dfrac{5}{4}x-1=\dfrac{3}{2}$

_____

4-2 $\dfrac{1}{2}x+\dfrac{1}{4}=\dfrac{2}{3}x$

_____

> **핵심 체크**
>
> 계수가 분수인 일차방정식의 양변에 분모의 최소공배수를 곱할 때에는 모든 항에 똑같은 수를 빠짐없이 곱해야 한다.
>
> $\dfrac{1}{2}x=\dfrac{1}{3}x+1 \xrightarrow[\text{6을 곱한다.}]{\text{양변에 분모의 최소공배수}} 3x=2x+1(\times),\ 3x=2x+6(\bigcirc)$

○ 다음 일차방정식을 푸시오.

5-1 $\frac{1}{4}x - 1 = \frac{1}{3}x + 1$

5-2 $\frac{4}{3}x - \frac{1}{2} = \frac{5}{2}x + 3$

_____

_____

6-1 $\frac{1}{3}x - 5 = \frac{5}{6}x - 1$

6-2 $\frac{1}{3}x - 6 = \frac{1}{2}x - 8$

_____

_____

7-1 $\frac{2}{3}x - 1 = \frac{1}{6}x + \frac{1}{3}$

7-2 $\frac{2}{3}x - \frac{1}{6} = \frac{1}{4}x - 1$

_____

_____

8-1 $x - \frac{1}{2} = \frac{2}{3}x + \frac{1}{4}$

8-2 $\frac{1}{4}x - \frac{1}{2} = \frac{1}{2}x + \frac{3}{4}$

_____

_____

9-1 $\frac{2}{3}x - \frac{1}{2} = \frac{1}{2}x - \frac{1}{5}$

9-2 $\frac{1}{3}x - 1 = \frac{4}{5}x + \frac{4}{3}$

_____

_____

10-1 $\frac{1}{6}(x+1) = \frac{3}{4}x + \frac{4}{3}$

10-2 $\frac{1}{2}(x-3) = \frac{1}{3}(x+1)$

_____

_____

> **핵심 체크**
>
> 계수가 분수인 일차방정식의 풀이 순서
>
> ① 양변에 분모의 최소공배수를 곱하여 계수를 정수로 바꾼다. ➡ ② (x를 포함하는 모든 항)=(모든 상수항)이 되도록 이항한다.
>
> ➡ ③ $ax = b(a \neq 0)$의 꼴로 나타낸다. ➡ ④ 양변을 x의 계수 a로 나누어 해를 구한다.

$\dfrac{x-1}{2}-\dfrac{2x+1}{3}=-1$ 의 해 구하기

$$\dfrac{x-1}{2}-\dfrac{2x+1}{3}=-1$$

양변에 분모의 최소공배수 6을 곱한다.

$$\left(\dfrac{x-1}{2}-\dfrac{2x+1}{3}\right)\times 6=-1\times 6$$

$$3(x-1)-2(2x+1)=-6$$

분배법칙을 이용하여 괄호를 푼다.

$$3x-3-4x-2=-6$$

이항한다.

$$3x-4x=-6+3+2$$

양변을 정리한다.

$$-x=-1$$

양변을 x의 계수 -1로 나눈다.

$$\therefore x=1$$

○ 다음 일차방정식을 푸시오.

1-1

$$\dfrac{x-6}{3}=\dfrac{x-5}{2}$$

양변에 분모의 최소공배수 $\bigcirc$을 곱한다.

$$\dfrac{x-6}{3}\times\bigcirc=\dfrac{x-5}{2}\times\bigcirc$$

$$\bigcirc(x-6)=\bigcirc(x-5)$$

$$2x-\bigcirc=3x-\bigcirc$$

$$-x=\bigcirc$$

$$\therefore x=\bigcirc$$

1-2 $\dfrac{x-3}{2}=-4$

_____

2-1 $\dfrac{x-2}{3}=\dfrac{x}{4}$ _____

2-2 $\dfrac{x}{3}=\dfrac{x-4}{5}$ _____

3-1 $\dfrac{x-2}{3}=\dfrac{2x+3}{9}$ _____

3-2 $\dfrac{x+5}{6}=\dfrac{3x+1}{4}$ _____

4-1 $\dfrac{x+2}{6}=\dfrac{x-3}{4}$ _____

4-2 $\dfrac{2x-3}{5}=\dfrac{3x-1}{4}$ _____

핵심 체크

$\dfrac{x+1}{3}=\dfrac{3x-1}{5}$ 의 양변에 분모의 최소공배수 15를 곱할 때에는 반드시 분자에 괄호를 한 다음 분배법칙을 이용한다.

$\dfrac{x+1}{3}\times 15=\dfrac{3x-1}{5}\times 15 \Rightarrow 5(x+1)=3(3x-1) \Rightarrow 5x+5=9x-3$

○ 다음 일차방정식을 푸시오.

5-1

$$\frac{x-6}{2}-\frac{5-x}{5}=3$$

➡ 양변에 분모의 최소공배수 $\boxed{}$ 을 곱하면

$$5(x-6)-\boxed{}(5-x)=30$$

$$5x-30-\boxed{}+2x=30$$

$$\boxed{}x=\boxed{} \qquad \therefore x=\boxed{}$$

5-2 $\dfrac{x+1}{2}+\dfrac{x+1}{3}=5$

_____

6-1 $\dfrac{x}{5}-3=\dfrac{x-3}{3}$

_____

6-2 $\dfrac{x-7}{4}-\dfrac{3}{2}=\dfrac{4}{3}x$

_____

7-1 $\dfrac{x}{3}-\dfrac{x+4}{6}=2$

_____

7-2 $\dfrac{x+1}{2}=\dfrac{x-1}{3}+1$

_____

8-1 $\dfrac{x+5}{2}=2-\dfrac{x-4}{3}$

_____

8-2 $\dfrac{2x-5}{3}=1-\dfrac{4-x}{4}$

_____

9-1 $\dfrac{x+5}{3}-2=\dfrac{2x+1}{9}$

_____

9-2 $3-\dfrac{5-3x}{4}=\dfrac{5}{8}(x-2)$

_____

핵심 체크

계수가 분수인 일차방정식의 양변에 분모의 최소공배수를 곱할 때 부호에 주의한다.

$\dfrac{x-2}{3}-\dfrac{2x-5}{4}=1$의 양변에 분모의 최소공배수 12를 곱하면 $4(x-2)-3(2x-5)=12$

17 일차방정식의 풀이 ⑧ : 계수가 소수와 분수인 일차방정식

정답과 해설 | 21쪽

일차방정식의 계수에 소수와 분수가 모두 있을 때에는 계수를 정수로 만들 수 있는 적당한 방법을 찾는다.

방법 1 양변에 10을 곱한다.

$$0.4x - \frac{1}{2} = \frac{3}{5}x + 1.5$$ }양변에 10을 곱한다.
$$4x - 5 = 6x + 15$$
$$4x - 6x = 15 + 5$$
$$-2x = 20$$
$$\therefore x = -10$$

방법 2 소수인 계수를 분수로 바꾼 후 분모의 최소공배수를 곱한다.

$$1.5x + \frac{2x-1}{3} = -2.5$$ ←소수 1.5, −2.5를 분수로 바꾼다.
$$\frac{3}{2}x + \frac{2x-1}{3} = -\frac{5}{2}$$ ←양변에 분모의 최소공배수 6을 곱한다.
$$9x + 2(2x-1) = -15$$
$$9x + 4x - 2 = -15$$
$$13x = -13$$
$$\therefore x = -1$$

○ 다음 일차방정식을 푸시오.

1-1
$$0.6x - \frac{1}{5} = \frac{3}{10}x - 0.8$$

➡ 양변에 10을 곱하면
$$6x - 2 = 3x - \boxed{}$$
$$\boxed{}x = \boxed{} \qquad \therefore x = \boxed{}$$

1-2 $0.3x - \frac{3}{2} = 0.6x + \frac{3}{5}$ _____

2-1 $\frac{1}{5}x - 0.9 = \frac{1}{2}x$ _____

2-2 $0.3x = \frac{1}{2}x + \frac{2}{5}$ _____

3-1
$$\frac{1}{3}x - 0.2x = \frac{2x-3}{5}$$

➡ 소수인 계수를 분수로 바꾸면
$$\frac{1}{3}x - \boxed{}x = \frac{2x-3}{5}$$

양변에 분모의 최소공배수 $\boxed{}$를 곱하면
$$5x - \boxed{}x = \boxed{}(2x-3)$$
$$\therefore x = \boxed{}$$

3-2 $1.5x + 2 = \frac{3x-2}{4}$ _____

4-1 $\frac{5}{2}x - \frac{2}{3} = 0.5(x-2)$ _____

4-2 $0.5(x+1) = \frac{1}{4}(x+4)$ _____

핵심 체크

일차방정식의 계수에 소수와 분수가 모두 있을 때 분수의 분모가 10의 약수인 경우에는 양변에 10을 곱하여 풀면 편리하다.

18 일차방정식의 풀이 ⑨ : 비례식

비례식 $(x-5):3=4:1$을 만족시키는 x의 값 구하기

$$(x-5):3=4:1$$
$$(x-5)\times1=3\times4$$
$$x-5=12$$
$$\therefore x=17$$

┌─── 비례식의 성질 ───┐

┌─ 외항의 곱 ─┐
$$a:b=c:d$$
└─ 내항의 곱 ─┘

$$\Rightarrow ad=bc$$

○ 다음 비례식을 만족시키는 x의 값을 구하시오.

1-1
$(x-1):(x+1)=4:5$
$\Rightarrow (x-1)\times5=(x+1)\times4$
$5x-\square=4x+\square$
$\therefore x=\square$

1-2 $(x-1):(2x-5)=2:3$

2-1 $12:(x+4)=3:5$

2-2 $16:(x-2)=4:3$

3-1 $(x-1):(2x+3)=1:3$

3-2 $(x-2):(x-1)=2:3$

4-1 $(x-7):(2-x)=4:1$

4-2 $(3x-1):(2x+8)=7:9$

5-1 $(-x+3):2=(2x+1):3$

5-2 $(x-22):3=(3x+2):5$

핵심 체크

일차방정식이 비례식으로 주어졌을 때에는 외항의 곱이 내항의 곱과 같음을 이용하여 해를 구한다.
$\Rightarrow a:b=c:d$이면 $ad=bc$

기본연산 집중연습 | 13~18

1. 다음 카드에 적혀 있는 일차방정식을 모두 풀고, 해가 같은 것끼리 선으로 연결하시오.

A	$0.2x+0.6=1.2$

㉠	$0.2x+0.3=0.5x+0.6$

B	$0.4x-1=-1.4$

㉡	$0.6x+0.7=-0.3x-2$

C	$1.3x=3.6-0.5x$

㉢	$0.2x=0.05x+0.9$

D	$0.5x+0.3=0.2x-0.6$

㉣	$0.1x+0.06=0.2-0.04x$

E	$1.3x-1=0.7x+2$

㉤	$0.05x+0.8=0.2x-0.7$

F	$2.4-1.3x=2.1x-1$

㉥	$0.3x-2=-0.5$

G	$0.05x-0.1=0.2x-1$

㉦	$0.14x-0.3=0.02x-0.06$

H	$0.3x-0.6=0.2x+0.4$

㉧	$0.1x-1.8=0.5x-3$

핵심 체크

❶ 계수가 소수인 일차방정식은 양변에 10, 100, 1000, ⋯ 을 곱하여 계수를 모두 정수로 바꾼 후 해를 구한다.

○ 다음 일차방정식을 푸시오.

2-1 $0.2(x+1)=1.6$

2-2 $0.3(x+2)=0.5x-1$

2-3 $0.8-0.1(x-1)=1.2$

2-4 $0.3x-0.2=0.2(x+3)$

2-5 $0.1(x-2)=0.03x-0.34$

2-6 $0.2(2x-1)=0.3(3x+6)$

2-7 $0.5(x-2)=0.4(x+3)$

2-8 $0.2(x-1)-x=0.3(2-3x)$

○ 다음 일차방정식을 푸시오.

3-1 $\dfrac{3}{4}x-1=-4$

3-2 $\dfrac{2}{5}x+\dfrac{1}{5}x=-3$

3-3 $\dfrac{1}{2}x-\dfrac{1}{5}=\dfrac{3}{10}x$

3-4 $\dfrac{1}{4}x-\dfrac{3}{2}=\dfrac{1}{2}x$

3-5 $x-\dfrac{1}{4}=\dfrac{2}{3}x+\dfrac{1}{2}$

3-6 $1-\dfrac{3}{4}x=-\dfrac{5}{8}x+2$

3-7 $2-\dfrac{1}{5}x=9+\dfrac{1}{2}x$

3-8 $\dfrac{3}{2}x-\dfrac{1}{3}=\dfrac{1}{6}x+1$

핵심 체크

② 계수가 분수인 일차방정식은 양변에 분모의 최소공배수를 곱하여 계수를 모두 정수로 바꾼 후 해를 구한다.

○ 다음 일차방정식을 푸시오.

4-1
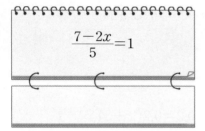
$$\frac{7-2x}{5}=1$$

4-2
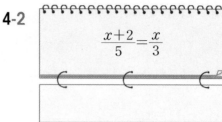
$$\frac{x+2}{5}=\frac{x}{3}$$

4-3
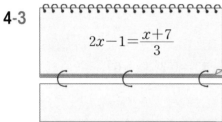
$$2x-1=\frac{x+7}{3}$$

4-4
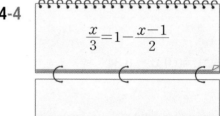
$$\frac{x}{3}=1-\frac{x-1}{2}$$

4-5
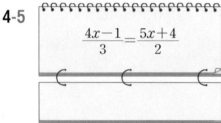
$$\frac{4x-1}{3}=\frac{5x+4}{2}$$

4-6
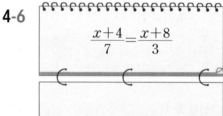
$$\frac{x+4}{7}=\frac{x+8}{3}$$

4-7
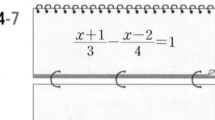
$$\frac{x+1}{3}-\frac{x-2}{4}=1$$

4-8
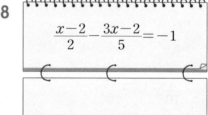
$$\frac{x-2}{2}-\frac{3x-2}{5}=-1$$

4-9
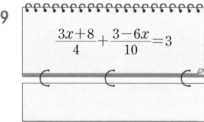
$$\frac{3x+8}{4}+\frac{3-6x}{10}=3$$

4-10
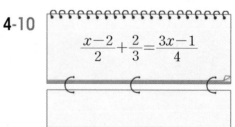
$$\frac{x-2}{2}+\frac{2}{3}=\frac{3x-1}{4}$$

핵심 체크

❸ 계수가 분수인 일차방정식의 양변에 분모의 최소공배수를 곱할 때 분자가 일차식이면 분자에 반드시 괄호를 한다.

$\dfrac{2x-8}{4}=\dfrac{5x+1}{3}$의 양변에 분모의 최소공배수 12를 곱하면 $\dfrac{2x-8}{4}\times12=\dfrac{5x+1}{3}\times12$ ➡ $3(2x-8)=4(5x+1)$

○ 다음 일차방정식을 푸시오.

5-1　$0.3x - \dfrac{3}{2} = 0.6x + \dfrac{3}{5}$

5-2　$\dfrac{3}{5}x - 1.8 = 0.2x + 1$

5-3　$\dfrac{2}{5}(x-2) = 0.5(x+2)$

5-4　$\dfrac{x}{2} + \dfrac{2-x}{6} = 0.5(x+1)$

5-5　$\dfrac{1}{2}x - 0.75x = \dfrac{2x-7}{6}$

5-6　$0.4(1-x) - \dfrac{1}{5}x = \dfrac{1-2x}{3}$

핵심 체크

❹ 일차방정식의 계수에 소수와 분수가 모두 있을 때 분수의 분모에 2나 5 이외의 다른 수가 있으면 먼저 소수를 분수로 바꾼 후 양변에 분모의 최소공배수를 곱하여 계수를 모두 정수로 바꾼다.

$\dfrac{x+1}{2} = \dfrac{2-x}{6} + 0.5x$ ➡ $\dfrac{x+1}{2} = \dfrac{2-x}{6} + \dfrac{1}{2}x$ ➡ 양변에 분모의 최소공배수 6을 곱하면 $3(x+1) = 2-x+3x$

19 일차방정식의 활용 (1) : 수

정답과 해설 | 22쪽

어떤 수에 9를 더한 수는 어떤 수의 2배보다 2만큼 크다고 할 때, 어떤 수를 구하시오.

➡ ❶ 미지수 정하기 : 어떤 수를 x로 놓는다.

　❷ 방정식 세우기 : 어떤 수에 9를 더한 수 ➡ $x+9$

　　　　　　　　어떤 수의 2배보다 2만큼 크다. ➡ $2x+2$ ⎤ $x+9=2x+2$

　❸ 방정식 풀기 : $x+9=2x+2$에서 $-x=-7$　　∴ $x=7$

　❹ 확인하기 : 어떤 수가 7이므로 $7+9=2\times7+2$, 즉 구한 해가 문제의 뜻에 맞는다.

○ 다음 문장을 만족시키는 방정식을 세우고, x의 값을 구하시오.

1-1
> x의 3배는 x보다 10만큼 크다.
>
> ➡ 방정식을 세우면
>
> $3x=\boxed{}$
>
> $\boxed{}x=10$　　∴ $x=\boxed{}$

1-2 x의 4배는 x보다 9만큼 크다.

＿＿＿＿＿＿＿＿＿＿

2-1 x를 3으로 나눈 수는 x보다 8만큼 작다.

＿＿＿＿＿＿＿＿＿＿

2-2 x에서 5를 뺀 수를 2배 하면 6이 된다.

＿＿＿＿＿＿＿＿＿＿

○ 다음 물음에 답하시오.

3-1 어떤 수의 5배에서 1을 뺀 수는 어떤 수보다 7만큼 클 때, 어떤 수를 구하시오.

＿＿＿＿＿＿＿＿＿＿

3-2 어떤 수와 12의 합은 어떤 수의 3배보다 4만큼 작을 때, 어떤 수를 구하시오.

＿＿＿＿＿＿＿＿＿＿

핵심 체크

· 어떤 수 x에 ●를 더한 수 ➡ $x+●$

· 어떤 수 x를 ▲배 한 수 ➡ $▲\times x$

· 어떤 수 x의 ▲배보다 ●만큼 큰 수 ➡ $▲\times x+●$

20 일차방정식의 활용 (2) : 연속하는 수

정답과 해설 | 23쪽

연속하는 세 짝수의 합이 18일 때, 세 짝수를 구하시오.

➡ ❶ 미지수 정하기 : 연속하는 세 짝수를 $x-2$, x, $x+2$로 놓는다.

❷ 방정식 세우기 : $(x-2)+x+(x+2)=18$

❸ 방정식 풀기 : $(x-2)+x+(x+2)=18$에서 $3x=18$ ∴ $x=6$

❹ 확인하기 : 연속하는 세 짝수기 4, 6, 8이고, 그 합은 $4+6+8=18$이므로 구한 해가 문제의 뜻에 맞는다.

1-1 연속하는 세 정수의 합이 54일 때, 세 정수를 구하시오.

① 미지수 정하기 : 연속하는 세 정수를
  ☐, x, ☐로 놓는다.
② 방정식 세우기
  (☐)$+x+$(☐)$=$☐
③ 방정식 풀기
  ☐$x=$☐   ∴ $x=$☐
④ 확인하기 : 연속하는 세 정수가
  ☐, ☐, ☐이고, 그 합은 ☐이므로 구한 해가 문제의 뜻에 맞는다.

1-2 연속하는 세 정수의 합이 123일 때, 세 정수 중 가장 큰 수를 구하시오.

2-1 연속하는 세 짝수의 합이 48일 때, 세 짝수를 구하시오.

2-2 연속하는 세 짝수의 합이 30일 때, 세 짝수 중 가장 작은 수를 구하시오.

3-1 연속하는 세 홀수의 합이 69일 때, 세 홀수를 구하시오.

3-2 연속하는 세 홀수의 합이 51일 때, 세 홀수 중 가장 큰 수를 구하시오.

핵심 체크

• 연속하는 세 정수

  ➡ x, $x+1$, $x+2$ 또는 $x-1$, x, $x+1$

• 연속하는 세 짝수(홀수)

  ➡ x, $x+2$, $x+4$ 또는 $x-2$, x, $x+2$

21 일차방정식의 활용 (3) : 자릿수

정답과 해설 | 23쪽

십의 자리의 숫자가 3인 두 자리 자연수가 있다. 이 자연수의 일의 자리의 숫자와 십의 자리의 숫자를 바꾼 수는 처음 수보다 18만큼 크다고 할 때, 처음 수를 구하시오.

➡ ❶ 미지수 정하기 : 처음 수의 일의 자리의 숫자를 x로 놓는다.

  ❷ 방정식 세우기 :

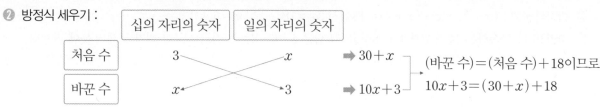

  ❸ 방정식 풀기 : $10x+3=(30+x)+18$에서 $9x=45$ ∴ $x=5$

  ❹ 확인하기 : 처음 수는 $30+5=35$이므로 $53=35+18$, 즉 구한 해가 문제의 뜻에 맞는다.

1-1 십의 자리의 숫자가 5인 두 자리 자연수가 있다. 이 자연수는 각 자리의 숫자의 합의 4배보다 3만큼 크다고 할 때, 이 자연수를 구하시오.

> ① 미지수 정하기 : 두 자리 자연수의 일의 자리의 숫자를 x로 놓는다.
> ② 방정식 세우기
> 두 자리 자연수는 $\boxed{}+x$이고,
> 각 자리의 숫자의 합의 4배보다 3만큼 큰 수는 $\boxed{}(5+x)+\boxed{}$이다.
> 방정식을 세우면
> $50+x=\boxed{}$
> ③ 방정식 풀기
> $-3x=\boxed{}$ ∴ $x=\boxed{}$
> ④ 확인하기 : 두 자리 자연수는 $\boxed{}$이고,
> $\boxed{}=4\times(5+\boxed{})+3$이므로 구한 해가 문제의 뜻에 맞는다.

1-2 일의 자리의 숫자가 4인 두 자리 자연수가 있다. 이 자연수는 각 자리의 숫자의 곱보다 16만큼 크다고 할 때, 이 자연수를 구하시오.

2-1 십의 자리의 숫자가 7인 두 자리 자연수가 있다. 이 자연수의 일의 자리의 숫자와 십의 자리의 숫자를 바꾼 수는 처음 수보다 27만큼 작다고 할 때, 처음 수를 구하시오.

2-2 일의 자리의 숫자가 6인 두 자리 자연수가 있다. 이 자연수의 십의 자리의 숫자와 일의 자리의 숫자를 바꾼 수는 처음 수보다 18만큼 작다고 할 때, 처음 수를 구하시오.

핵심 체크

십의 자리의 숫자가 a, 일의 자리의 숫자가 b인 두 자리 자연수 ➡ $10a+b$
이때 $10a+b$를 ab로 쓰지 않도록 주의한다.

92 | 2. 일차방정식

22 일차방정식의 활용 (4) : 총합이 일정한 문제

한 개에 800원인 사과와 한 개에 1300원인 배를 합하여 10개를 사고 9500원을 지불하였다. 이때 사과는 몇 개를 샀는지 구하시오.

➡ ❶ 미지수 정하기 : 사과를 x개라 하면 배는 $(10-x)$개이다.

	사과	배
개수(개)	x	$10-x$
총 금액(원)	$800x$	$1300(10-x)$

❷ 방정식 세우기 : (사과의 총 금액)+(배의 총 금액)$=9500$(원)이므로
$$800x+1300(10-x)=9500$$

❸ 방정식 풀기 : $800x+1300(10-x)=9500$에서 $800x+13000-1300x=9500$
$$-500x=-3500 \qquad \therefore x=7$$

❹ 확인하기 : 사과는 7개, 배는 $10-7=3$(개)를 샀고 $800\times7+1300\times3=9500$(원)이므로
구한 해가 문제의 뜻에 맞는다.

1-1 한 개에 1400원인 사과와 한 개에 600원인 귤을 합하여 12개를 사고 10400원을 지불하였다. 이때 사과와 귤을 각각 몇 개를 샀는지 구하시오.

① 미지수 정하기 : 사과를 x개라 하면
귤은 (⬚)개이다.

	사과	귤
개수(개)	x	⬚
총 금액(원)	$1400x$	⬚

② 방정식 세우기
(사과의 총 금액)+(귤의 총 금액)
$=10400$(원)이므로
$1400x+$⬚$=10400$
③ 방정식 풀기
$1400x+7200-600x=10400$
$800x=$⬚ $\qquad \therefore x=$⬚
④ 확인하기 : 사과는 ⬚개,
귤은 ⬚개를 샀고
$1400\times$⬚$+600\times$⬚$=10400$(원)이므로 구한 해가 문제의 뜻에 맞는다.

1-2 지연이는 친구들에게 나누어 주려고 800원 하는 우유와 1000원 하는 과자를 합하여 10개를 사고 9200원을 지불하였다. 이때 아래 표의 빈칸을 채우고, 우유와 과자를 각각 몇 개를 샀는지 구하시오.

	우유	과자
개수(개)	x	
총 금액(원)		

1-3 우리 안에 양과 오리가 합하여 13마리가 있고 다리를 세어 보니 모두 46개였다. 이때 아래 표의 빈칸을 채우고, 양과 오리는 각각 몇 마리가 있는지 구하시오.

	양	오리
마리 수(마리)	x	
다리의 개수(개)	$4x$	

핵심 체크

총합이 일정한 문제에서는 구하려는 것을 x, 다른 것을 (총합)$-x$로 놓고 방정식을 세운다.

23 일차방정식의 활용(5) : 거리, 속력, 시간

(거리)=(속력)×(시간), (속력)=$\dfrac{(거리)}{(시간)}$, (시간)=$\dfrac{(거리)}{(속력)}$

속력	시간	거리
시속 ●km	시간	km
분속 ▲m	분	m
초속 ■m	초	m

예 시속 60 km로 달리는 자동차를 타고 3시간 동안 이동한 거리
➡ $60 \times 3 = 180$ (km) ← (속력)×(시간)

자전거를 타고 2시간 동안 30 km를 이동했을 때, 자전거의 속력
➡ $\dfrac{30}{2} = 15$, 즉 시속 15 km ← $\dfrac{(거리)}{(시간)}$

자전거를 타고 시속 15 km로 달렸을 때, 60 km를 이동하는 데 걸리는 시간 ← $\dfrac{(거리)}{(속력)}$
➡ $\dfrac{60}{15} = 4$(시간)

1-1 용준이가 산책로를 걷는데 갈 때는 시속 2 km로 걷고, 올 때는 같은 길을 시속 4 km로 걸었더니 총 1시간 30분이 걸렸다고 한다. 산책로의 길이를 구하려고 할 때, 다음 물음에 답하시오.

(1) 산책로의 길이를 x km라 할 때, 아래 표의 빈칸을 채우시오.

	갈 때	올 때
거리	x km	x km
속력		시속 4 km
시간	$\dfrac{x}{2}$시간	

(2) (갈 때 걸린 시간)+(올 때 걸린 시간) =(1시간 30분)임을 이용하여 방정식을 세우시오.

   방정식 : _____

(3) (2)의 일차방정식을 풀어 산책로의 길이를 구하시오.

   _____

1-2 지원이가 등산을 하는데 올라갈 때는 시속 3 km로 걷고, 내려올 때는 같은 길을 시속 4 km로 걸어서 총 2시간 20분이 걸렸다고 한다. 등산로의 길이를 구하려고 할 때, 다음 물음에 답하시오.

(1) 올라갈 때의 거리를 x km라 할 때, 아래 표의 빈칸을 채우시오.

	올라갈 때	내려올 때
거리	x km	
속력		
시간		

(2) (올라갈 때 걸린 시간)+(내려올 때 걸린 시간)=(2시간 20분)임을 이용하여 방정식을 세우시오.

   방정식 : _____

(3) (2)의 일차방정식을 풀어 등산로의 길이를 구하시오.

   _____

핵심 체크

거리, 속력, 시간에 대한 활용 문제를 풀 때 단위가 각각 다른 경우에는 방정식을 세우기 전에 먼저 단위를 통일시킨다.

1 km ➡ 1000 m, 1시간 30분 ➡ $1\dfrac{30}{60}$(시간)$=\dfrac{3}{2}$(시간)

2-1 집에서 야구장까지의 거리는 100 km이다. 자동차로 집에서 출발하여 시속 60 km로 가다가 늦을 것 같아서 시속 80 km로 달려 야구장에 도착하였더니 총 1시간 30분이 걸렸다. 시속 80 km로 달린 거리를 구하려고 할 때, 다음 물음에 답하시오.

(1) 시속 80 km로 달린 거리를 x km라 할 때, 아래 그림의 □ 안에 알맞은 것을 써넣으시오.

(2) 아래 표의 빈칸을 채우고, 문제의 조건에 맞는 방정식을 세우시오.

	시속 60 km로 갈 때	시속 80 km로 갈 때
거리		x km
시간		

방정식 : _____

(3) (2)의 일차방정식을 풀어 시속 80 km로 달린 거리를 구하시오.

_____

2-2 서현이네 집에서 학교까지의 거리는 2 km이다. 자전거를 타고 집에서 출발하여 분속 150 m로 가다가 늦을 것 같아서 분속 200 m로 달려 학교에 도착하였더니 11분이 걸렸다. 분속 200 m로 달린 거리를 구하려고 할 때, 다음 물음에 답하시오.

(1) 분속 200 m로 달린 거리를 x m라 할 때, 아래 그림의 □ 안에 알맞은 것을 써넣으시오.

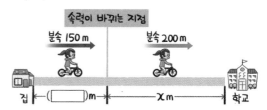

(2) 아래 표의 빈칸을 채우고, 문제의 조건에 맞는 방정식을 세우시오.

	분속 150 m로 갈 때	분속 200 m로 갈 때
거리		x m
시간		

방정식 : _____

(3) (2)의 일차방정식을 풀어 분속 200 m로 달린 거리를 구하시오.

_____

2 일차방정식

핵심 체크

거리, 속력, 시간에 대한 활용 문제에서 속력이 바뀌는 경우 속력에 따라 구간을 나누어 시간에 대한 방정식을 세운다.
2-1에서 (시속 60 km로 이동한 시간) + (시속 80 km로 이동한 시간) = (총 걸린 시간)임을 이용하여 방정식을 세우면 된다.

기본연산 집중연습 | 19~23

○ 다음 물음에 답하시오.

1-1 어떤 수의 3배에서 8을 뺀 수는 어떤 수보다 26만큼 크다고 할 때, 어떤 수를 구하시오.

1-2 어떤 수의 $\frac{1}{3}$배에 22를 더한 수는 어떤 수의 4배와 같다고 할 때, 어떤 수를 구하시오.

1-3 연속하는 세 짝수의 합이 84일 때, 세 짝수 중 가장 작은 수를 구하시오.

1-4 연속하는 세 홀수의 합이 75일 때, 세 홀수 중 가운데 수를 구하시오.

○ 다음 물음에 답하시오.

2-1 십의 자리의 숫자가 5인 두 자리 자연수가 있다. 이 자연수의 십의 자리의 숫자와 일의 자리의 숫자를 바꾼 수는 처음 수보다 18만큼 크다고 할 때, 처음 수를 구하시오.

2-2 십의 자리의 숫자가 일의 자리의 숫자보다 3만큼 큰 두 자리 자연수가 있다. 이 자연수는 각 자리의 숫자의 합의 7배와 같다고 할 때, 이 자연수를 구하시오.

2-3 어느 농장에서 닭과 돼지를 키우고 있다. 닭과 돼지의 머리를 세어 보니 모두 20마리이고 다리를 세어 보니 모두 56개였다. 이때 돼지는 몇 마리인지 구하시오.

2-4 한 개에 1500원 하는 아이스크림과 한 개에 1000원 하는 음료수를 합하여 30개를 사고 37000원을 지불하였다. 이때 구입한 아이스크림의 개수를 구하시오.

핵심 체크

❶ 연속하는 세 짝수(홀수)
  ➡ $x-2, x, x+2$ 또는 $x, x+2, x+4$

❷ 십의 자리의 숫자가 a, 일의 자리의 숫자가 b인
  두 자리 자연수 ➡ $10a+b$

○ 다음 물음에 답하시오.

3-1 오른쪽 그림과 같이 아 랫변의 길이가 8 cm이 고 높이가 5 cm인 사다 리꼴의 넓이가 30 cm² 일 때, 이 사다리꼴의 윗 변의 길이를 구하시오.

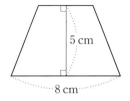

3-2 오른쪽 그림과 같이 높 이가 6 cm, 넓이가 60 cm²인 사다리꼴에서 아랫변의 길이가 윗변의 길이보다 4 cm가 더 길다고 한다. 이 사다리꼴의 윗변의 길이를 구 하시오.

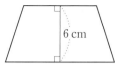

3-3 두 지점 A, B 사이를 왕복하는데 갈 때는 자동 차를 타고 시속 60 km로 가고, 올 때는 자전거 를 타고 시속 30 km로 왔더니 총 3시간이 걸 렸다. 아래 표의 빈칸을 채우고, 두 지점 A, B 사이의 거리를 구하시오.

	갈 때	올 때
거리	x km	
속력	시속 60 km	시속 30 km
시간		

3-4 아인이가 등산을 하는데 올라갈 때는 시속 3 km로 걷고 내려올 때는 올라갈 때보다 3 km 더 먼 길을 택하여 시속 4 km로 걸어서 총 2시간 30분이 걸렸다고 한다. 아래 표의 빈 칸을 채우고, 올라간 거리를 구하시오.

	올라갈 때	내려올 때
거리	x km	
속력	시속 3 km	시속 4 km
시간		

3-5 우빈이네 집과 소현이네 집은 2 km 떨어져 있 다. 우빈이는 자전거를 타고 집에서 출발하여 분속 180 m로 달리다가 힘이 들어 자전거에서 내려 분속 30 m로 걸어서 소현이네 집에 도착 하였더니 15분이 걸렸다. 자전거를 타고 간 거 리를 구하시오.

3-6 진영이네 가족이 여행을 다녀오는데 갈 때는 아빠가 시속 90 km로 운전을 하고, 올 때는 같 은 길을 엄마가 시속 60 km로 운전을 하였다. 갈 때보다 올 때 20분이 더 걸렸을 때, 집에서 여행지까지의 거리를 구하시오.

(느린 쪽이 걸린 시간)−(빠른 쪽이 걸린 시간) =(시간 차)임을 이용하여 방정식을 세우면 돼.

핵심 체크

❸ (사다리꼴의 넓이)

$= \dfrac{1}{2} \times \{($윗변의 길이$)+($아랫변의 길이$)\} \times ($높이$)$

❹ (거리)$=($속력$)\times($시간$)$, (속력)$=\dfrac{(거리)}{(시간)}$

(시간)$=\dfrac{(거리)}{(속력)}$

기본연산 테스트

1 다음 중 등식인 것에는 ○표, 등식이 아닌 것에는 ×표를 하시오.

(1) $x=6$ 　　　　　　(　)

(2) $-1<2$ 　　　　　(　)

(3) $3x+2x=5x$ 　　　(　)

(4) $4x-7$ 　　　　　(　)

(5) $-5x+3-2x$ 　　(　)

2 다음 방정식 중 해가 $x=3$인 것에는 ○표, 아닌 것은 ×표를 하시오.

(1) $2x=x+9$ 　　　　(　)

(2) $3x+1=8$ 　　　　(　)

(3) $4x=x+3$ 　　　　(　)

(4) $2x-3=x+6$ 　　(　)

(5) $2-x=x-4$ 　　(　)

3 다음 등식이 x에 대한 항등식이 되도록 하는 상수 a, b의 값을 각각 정하시오.

$$3x+2a=bx-8$$

4 다음 중 옳은 것에는 ○표, 옳지 않은 것에는 ×표를 하시오.

(1) $a+c=b+c$이면 $a=b$이다. 　(　)

(2) $a=b$이면 $3-a=3-b$이다. 　(　)

(3) $\dfrac{a}{4}=\dfrac{b}{5}$이면 $4a=5b$이다. 　(　)

(4) $4a=8b$이면 $a=2b$이다. 　(　)

(5) $2a=b$이면 $a+7=\dfrac{1}{2}b+7$이다. 　(　)

5 등식의 성질을 이용하여 다음 방정식을 푸시오.

(1) $x+5=-8$

(2) $3x=24$

(3) $2x+7=-11$

(4) $\dfrac{5x-1}{2}=7$

핵심 체크

❶ 등호가 들어 있는 식은 참, 거짓에 상관없이 등식이다.

❷ $ax+b=cx+d$가 x에 대한 항등식이 되는 조건
　➡ $a=c, b=d$

6 다음 중 일차방정식을 모두 고르시오.

> ㉠ $x+1$
>
> ㉡ $x^2-1=1$
>
> ㉢ $\dfrac{1}{4}x-3=-4$
>
> ㉣ $2x-1=2x$
>
> ㉤ $3x^2+x=3x^2-5$

7 다음 일차방정식을 푸시오.

(1) $5x-2=13$

(2) $2(5x+2)=3(x-1)$

(3) $0.5x+2=0.3x-1.2$

(4) $\dfrac{4x+2}{3}=2$

(5) $\dfrac{5}{6}x-\dfrac{1}{2}=\dfrac{3}{4}x$

(6) $\dfrac{1}{6}x-1=\dfrac{x-5}{8}$

(7) $0.7x-0.5=\dfrac{2}{5}(x+4)$

8 비례식 $(2x+7):(x-1)=11:4$를 만족시키는 x의 값을 구하시오.

9 연속하는 세 짝수가 있다. 이들 세 짝수의 합이 가장 큰 수의 2배보다 6만큼 크다고 할 때, 세 짝수 중 가장 큰 수를 구하시오.

10 어느 농구 경기에서 한 선수가 혼자 2점짜리 슛과 3점짜리 슛을 합하여 9골을 넣고 24점을 얻었다. 이 선수는 경기에서 3점짜리 슛을 몇 골 넣었는지 구하시오.

11 자동차로 두 도시 A, B 사이를 왕복하는데 갈 때는 시속 100 km로, 올 때는 같은 도로를 시속 80 km로 운전하였더니 총 4시간 30분이 걸렸다. 두 도시 A, B 사이의 거리를 구하시오.

2
일차방정식

핵심 체크

❸ x에 대한 일차방정식
➡ (x에 대한 일차식)$=0$
➡ $ax+b=0\,(a\neq0)$

❹ 비례식의 성질

외항의 곱

$a:b=c:d \Rightarrow ad=bc$

내항의 곱

| 빅터 연산 **공부 계획표** |

좌표평면과 그래프

좌표(座標)의 좌(座)는 '앉은 장소', 즉 위치를 뜻하고 표(標)는 '표시'를 뜻한다.
따라서 좌표는 그 **위치를 나타내는** 표시이다.
수직선 위의 점은 하나의 수로 나타낼 수 있고 평면 위의 점은 순서쌍으로
나타낼 수 있다.
주변의 건물이 없는 곳에서 사고가 났을 때에는 전봇대에 붙어 있는 고유 번
호를 보고 119안전신고센터에 알려 주면 된다.
모든 **전봇대**에는 숫자와 알파벳이 조합된 **8자리 번호**가 **표시**되어
있는데 이 번호는 위도와 경도를 반영하여 만든 **한국전력 고유 번호**로
이 번호를 알려주면 위치를 쉽게 파악할 수 있다.
한편 인적이 뜸한 **등산로**나 **해안가**에도 일정한 간격으로 **국가지점**
번호판이 설치되어 있어 위치를 쉽게 파악하는 데 도움을 주고 있다.

01 수직선 위의 점의 좌표

정답과 해설 | 27쪽

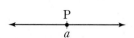

좌표 : 수직선 위의 점에 대응하는 수

➡ 수 a가 점 P의 좌표일 때, 이것을 기호로 $P(a)$와 같이 나타낸다.

(예) A(-3), O(0), B(2)

○ 다음 수직선 위의 네 점 A, B, C, D의 좌표를 기호로 나타내시오.

1-1
➡ A( ), B( ), C( ), D( )

1-2

_____

2-1

_____

2-2

_____

○ 다음 주어진 점을 수직선 위에 나타내시오.

3-1
$$A(-2),\ B\left(\frac{2}{3}\right),\ C(3)$$

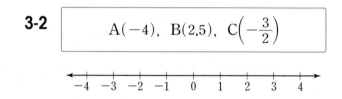

3-2
$$A(-4),\ B(2.5),\ C\left(-\frac{3}{2}\right)$$

4-1
$$A(4),\ B\left(-\frac{1}{3}\right),\ C\left(\frac{5}{3}\right)$$

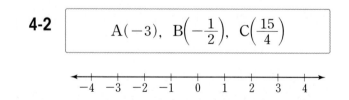

4-2
$$A(-3),\ B\left(-\frac{1}{2}\right),\ C\left(\frac{15}{4}\right)$$

핵심 체크

점은 알파벳의 대문자로 나타내고, 점의 좌표는 소괄호 ( ) 안에 나타낸다.

02 좌표평면 위의 점의 좌표

정답과 해설 | **27**쪽

평면 위에 두 수직선이 점 O에서 서로 수직으로 만날 때

① x축 : 가로의 수직선　　② y축 : 세로의 수직선

③ 좌표축 : x축과 y축을 통틀어 이르는 말

④ 원점 : 두 좌표축이 만나는 점 O

⑤ 좌표평면 : 좌표축이 정해져 있는 평면

⑥ 순서쌍 : 수나 문자의 순서를 정하여 짝을 지어 나타낸 쌍

⑦ 좌표평면 위의 점 P에서 x축, y축에 각각 수선을 그어 x축, y축과 만

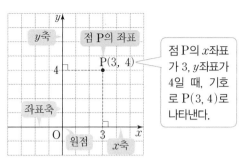

점 P의 x좌표가 3, y좌표가 4일 때, 기호로 P(3, 4)로 나타낸다.

나는 점에 대응하는 수가 각각 a, b일 때, 순서쌍 (a, b)를 점 P의 좌표라 하고, 기호로 $P(a, b)$와 같이 나타낸다.

점 P의 x좌표　　　점 P의 y좌표

○ 다음 좌표평면 위의 점의 좌표를 구하시오.

1-1

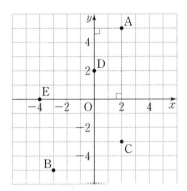

➡ 점 A의 x좌표는 2, y좌표는 5이므로

$A(2, 5)$, $B(\boxed{}, \boxed{})$, $C(\boxed{}, -3)$,

$D(\boxed{}, \boxed{})$, $E(-4, \boxed{})$

1-2

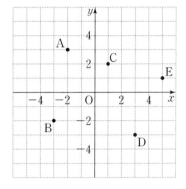

2-1

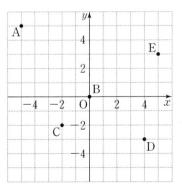

2-2

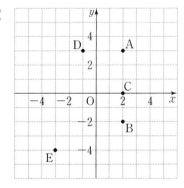

핵심 체크

$a \neq b$일 때 순서쌍 (a, b)와 순서쌍 (b, a)는 서로 다르므로 좌표평면 위에서 점 (a, b)와 점 (b, a)는 서로 다른 점을 나타낸다.

02 좌표평면 위의 점의 좌표

○ 다음 좌표평면 위의 점의 좌표를 구하시오.

3-1
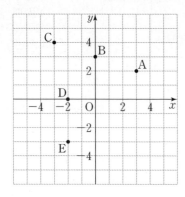

3-2
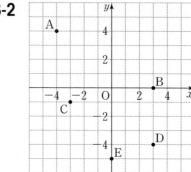

○ 다음 점의 좌표를 구하시오.

4-1
> x좌표가 -3이고, y좌표가 5인 점 A
> ➡ A(x좌표, y좌표)이므로 A(-3, ☐)

4-2 x좌표가 4이고, y좌표가 -1인 점 B

5-1 x좌표가 1이고, y좌표가 9인 점 C

5-2 x좌표가 -2이고, y좌표가 -2인 점 D

6-1 x축 위에 있고, x좌표가 6인 점 E

6-2 y축 위에 있고, y좌표가 -5인 점 F

7-1 x축 위에 있고, x좌표가 -4인 점 G

7-2 y축 위에 있고, y좌표가 2인 점 H

> **핵심 체크**
>
> • 좌표평면에서 원점 O의 좌표는 0이 아니고 $(0, 0)$임에 주의한다.
> • x축 위의 점의 좌표는 (x좌표, 0), y축 위의 점의 좌표는 (0, y좌표)이다.

03 좌표평면 위에 점 나타내기

정답과 해설 | 27쪽

좌표평면 위에 점 A(4, 3)을 나타내기

❶ x좌표가 4이므로 원점에서 시작하여 오른쪽으로 4만큼 이동한다.

❷ y좌표가 3이므로 ❶의 위치에서 위쪽으로 3만큼 이동한 지점에 점을 찍고 A라고 쓴다.

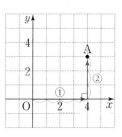

○ 다음 주어진 점을 좌표평면 위에 나타내시오.

1-1 $A(-3, -2), B(1, 2), C(0, 4)$

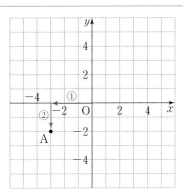

1-2 $A(3, 4), B(3, -4), C(-3, -4)$

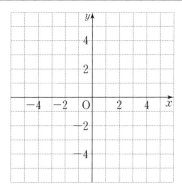

2-1 $A(5, -2), B(2, 2), C(-4, 0)$

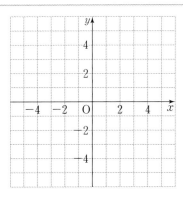

2-2 $A(-2, 3), B(-2, -3), C(2, 3)$

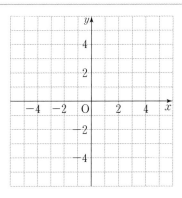

핵심 체크

① x좌표가 양수이면 원점에서 오른쪽으로, 음수이면 왼쪽으로 이동한다.

② y좌표가 양수이면 ①의 위치에서 위로, 음수이면 아래로 이동한다.

03 좌표평면 위에 점 나타내기

○ 다음 주어진 점을 좌표평면 위에 나타내시오.

3-1 $\quad$ A$(-1, 5)$, B$(5, -4)$, C$(1, 3)$

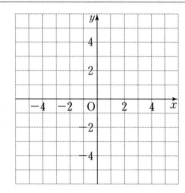

3-2 $\quad$ A$(-4, -2)$, B$(-2, 4)$, C$(4, -2)$

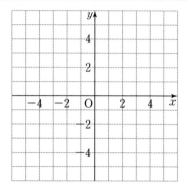

4-1 $\quad$ A$(-3, 0)$, B$(1, -3)$, C$(-5, 2)$

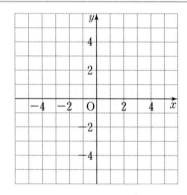

4-2 $\quad$ A$(-4, 5)$, B$(0, -3)$, C$(5, 2)$

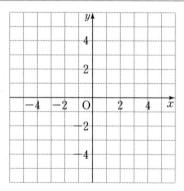

5-1 $\quad$ A$(-5, -3)$, B$(3, 0)$, C$(1, 5)$

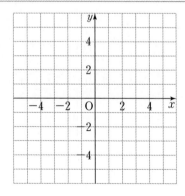

5-2 $\quad$ A$(-2, -4)$, B$(3, -3)$, C$(0, 5)$

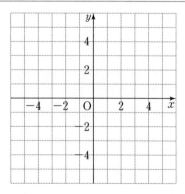

핵심 체크

점 A(a, b) ➡ 점 A의 x좌표가 a, y좌표가 b이다.

04 좌표평면 위에서 삼각형의 넓이 구하기

정답과 해설 | **27**쪽

오른쪽 그림과 같은 좌표평면 위의 삼각형 ABC에서

① 밑변의 길이 ➡ 선분 BC의 길이이므로 6
   └➡ 모눈 6칸

② 높이 ➡ 선분 AH의 길이이므로 5
   └➡ 모눈 5칸

③ 삼각형 ABC의 넓이

➡ $\dfrac{1}{2} \times 6 \times 5 = 15$
   └➡ $\dfrac{1}{2} \times$ (밑변의 길이) $\times$ (높이)

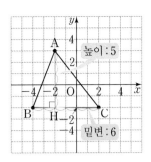

○ 다음과 같이 주어진 세 점 A, B, C를 좌표평면 위에 각각 나타내고, 세 점 A, B, C를 꼭짓점으로 하는 삼각형 ABC의 넓이를 구하시오.

1-1

A(2, 3)
B(2, −1)
C(−3, −1)

➡ (삼각형 ABC의 넓이)

$= \dfrac{1}{2} \times$ (밑변의 길이) $\times$ (높이)

$= \dfrac{1}{2} \times \boxed{} \times \boxed{} = \boxed{}$

1-2

A(4, 3)
B(−4, 3)
C(−4, −2)

➡ 삼각형 ABC의 넓이 : _____

2-1

A(−3, −4)
B(4, −4)
C(1, 4)

➡ 삼각형 ABC의 넓이 : _____

2-2

A(3, 4)
B(−3, 4)
C(0, −2)

➡ 삼각형 ABC의 넓이 : _____

핵심 체크

삼각형의 밑변을 x축 또는 y축에 평행한 변으로 정하면 밑변의 길이와 높이를 구하기 쉽다.

기본연산 집중연습 | 01~04

○ 다음 좌표평면 위의 점의 좌표를 구하시오.

1-1

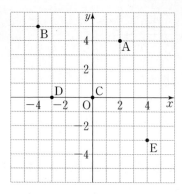

1-2

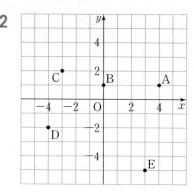

○ 다음 주어진 점을 좌표평면 위에 나타내시오.

2-1 $A(2, 3), B(3, -1), C(-3, 1)$

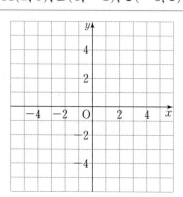

2-2 $A(4, 1), B(-1, -3), C(-2, 5)$

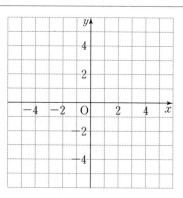

2-3 $A(3, -2), B(-5, 0), C(-3, 4)$

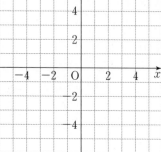

2-4 $A(-1, -5), B(0, 4), C(3, 1)$

핵심 체크

❶ 좌표평면 위의 점의 좌표는 순서쌍 (x좌표, y좌표)로 나타낸다.

❷ x축 위의 점의 좌표는 (x좌표, 0), y축 위의 점의 좌표는 (0, y좌표), 원점의 좌표는 (0, 0)이다.

3. 다음 순서쌍을 좌표로 하는 점을 좌표평면 위에 나타내고, 차례대로 점을 선으로 이어 그림을 완성하시오.

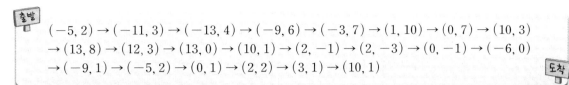

출발
$(-5, 2) \to (-11, 3) \to (-13, 4) \to (-9, 6) \to (-3, 7) \to (1, 10) \to (0, 7) \to (10, 3)$
$\to (13, 8) \to (12, 3) \to (13, 0) \to (10, 1) \to (2, -1) \to (2, -3) \to (0, -1) \to (-6, 0)$
$\to (-9, 1) \to (-5, 2) \to (0, 1) \to (2, 2) \to (3, 1) \to (10, 1)$
도착

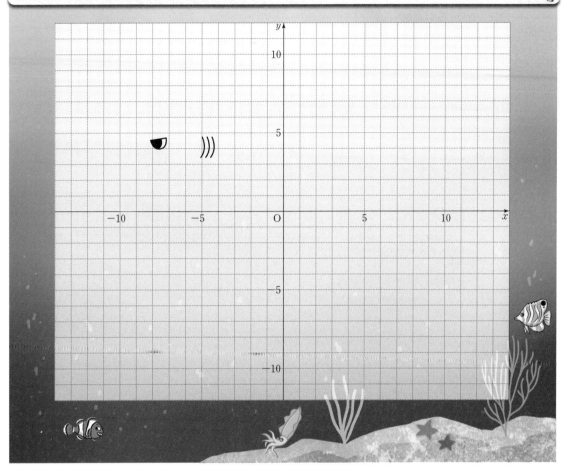

05 사분면 위의 점(1)

❶ 좌표평면은 좌표축에 의하여 네 부분으로 나누어진다.
   이때 각 부분을 제1사분면, 제2사분면, 제3사분면, 제4사분면이라
   고 한다.

❷ 각 사분면 위의 점의 x좌표와 y좌표의 부호는 다음과 같다.

	제1사분면	제2사분면	제3사분면	제4사분면
x좌표	+	−	−	+
y좌표	+	+	−	−

사분면은 제1사분면을 기준으로 시계 반대 방향으로 읽으면 돼.

○ 다음 주어진 점을 좌표평면 위에 나타내고 제몇 사분면 위의 점인지 각각 구하시오.

1-1

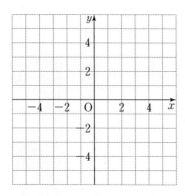

(1) A$(3, -1)$ _____

(2) B$(2, 0)$ _____

(3) C$(-3, 2)$ _____

(4) D$(4, 1)$ _____

(5) E$(-1, -2)$ _____

1-2

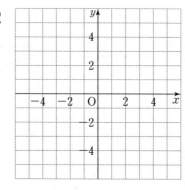

(1) A$(3, 4)$ _____

(2) B$(4, -3)$ _____

(3) C$(-2, -4)$ _____

(4) D$(-4, 1)$ _____

(5) E$(0, 3)$ _____

핵심 체크

좌표축 위의 점은 어느 사분면에도 속하지 않는다. 예 $(0, 0)$, $(2, 0)$, $(0, -1)$은 어느 사분면에도 속하지 않는다.
└→ 원점, x축 위의 점, y축 위의 점

○ 다음 주어진 점은 제몇 사분면에 속하는지 구하시오.

2-1 $(-3, 1)$

➡ x좌표는 음수이고 y좌표는 양수, 즉

  $(-, +)$이므로 제☐사분면에 속한다.

2-2 $(-4, -1)$ _____

3-1 $(5, -3)$ _____

3-2 $(6, 3)$ _____

4-1 $(-3, -5)$ _____

4-2 $(-2, 5)$ _____

5-1 $(2, 4)$ _____

5-2 $(1, -3)$ _____

6-1 $(0, -1)$

➡ x좌표가 0이므로 ☐축 위의 점이다.

  따라서 _____

6-2 $(4, 0)$ _____

7-1 $(0, 0)$ _____

7-2 $(0, 5)$ _____

핵심 체크

어떤 점의 x좌표와 y좌표의 부호를 알면 그 점이 속하는 사분면을 알 수 있다.

· $(+, +)$ ➡ 제1사분면   · $(-, +)$ ➡ 제2사분면   · $(-, -)$ ➡ 제3사분면   · $(+, -)$ ➡ 제4사분면

정답과 해설 | 29쪽

$a>0, b>0$일 때

(a, b)	$(-a, b)$	$(-a, -b)$	$(a, -b)$
$a>0, b>0$	$-a<0, b>0$	$-a<0, -b<0$	$a>0, -b<0$
$(+, +)$	$(-, +)$	$(-, -)$	$(+, -)$
제1사분면	제2사분면	제3사분면	제4사분면

○ $a>0, b<0$일 때, ☐ 안에 알맞은 부호를 써넣고, 각 점은 제몇 사분면에 속하는지 구하시오.

1-1 $(a, b) \Rightarrow (+, -)$ _____

1-2 $(-a, b) \Rightarrow (\boxed{}, \boxed{})$ _____

2-1 $(a, -b) \Rightarrow (\boxed{}, \boxed{})$ _____

2-2 $(-a, -b) \Rightarrow (\boxed{}, \boxed{})$ _____

○ $a<0, b<0$일 때, ☐ 안에 알맞은 부호를 써넣고, 각 점은 제몇 사분면에 속하는지 구하시오.

3-1 $(a, b) \Rightarrow (-, -)$ _____

3-2 $(-a, -b) \Rightarrow (\boxed{}, \boxed{})$ _____

4-1 $(b, a) \Rightarrow (\boxed{}, \boxed{})$ _____

4-2 $(a, -b) \Rightarrow (\boxed{}, \boxed{})$ _____

5-1 $(-a, b) \Rightarrow (\boxed{}, \boxed{})$ _____

5-2 $(-b, a) \Rightarrow (\boxed{}, \boxed{})$ _____

> **핵심 체크**
>
> • $a>0$이면 $-a<0$ • $a<0$이면 $-a>0$

07 그래프 그리기

① 변수 : x, y와 같이 여러 가지로 변하는 값을 나타내는 문자

② 그래프 : 두 변수 사이의 관계를 좌표평면 위에 점, 직선, 곡선 등으로 나타낸 그림

예 수빈이가 3세일 때 동생은 1세이었다. 수빈이의
   나이를 x세, 동생의 나이를 y세라 할 때,
   _{변수}   _{변수}
   수빈이와 동생의 나이는 오른쪽 표와 같다.

x	3	4	5	6	7	8
y	1	2	3	4	5	6

두 변수 사이의 관계를 나타낸 표!

이렇게가 한 쌍!

➡ 위의 표를 순서쌍 (x, y)로 나타내면 $(3, 1)$, $(4, 2)$, $(5, 3)$, $(6, 4)$, $(7, 5)$, $(8, 6)$이다.
   따라서 순서쌍 (x, y)를 좌표로 하는 점을 좌표평면 위에 나타내면 오른쪽
   그림과 같다.

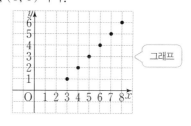

그래프

1-1 원기둥 모양의 빈 물통에 수면의 높이가 매분 2 cm씩 올라가도록 물을 넣는다고 한다. 다음 표는 물을 넣기 시작한 지 x분 후의 수면의 높이 y cm를 나타낸 것이다. 물음에 답하시오.

x	1	2	3	4	5
y	2	4	6	8	10

(1) 위의 표를 순서쌍 (x, y)로 나타내시오.

➡ $(1, 2)$, $(\boxed{}, \boxed{})$, $(\boxed{}, \boxed{})$,
   $(\boxed{}, \boxed{})$, $(\boxed{}, \boxed{})$

(2) 순서쌍 (x, y)를 좌표로 하는 점을 좌표평면 위에 나타내시오.

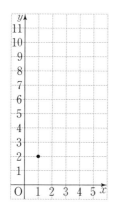

1-2 수민이가 상추를 키우면서 일주일 간격으로 키를 재어 보려고 한다. 다음 표는 x주 후의 상추의 키 y cm를 나타낸 것이다. 물음에 답하시오.

x	1	2	3	4	5
y	2	5	7	8	11

(1) 위의 표를 순서쌍 (x, y)로 나타내시오.

_____

(2) 순서쌍 (x, y)를 좌표로 하는 점을 좌표평면 위에 나타내시오.

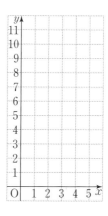

3
좌표평면과 그래프

핵심 체크

그래프 그리기 : 주어진 표에서 순서쌍 (x, y) 구하기 ➡ 순서쌍 (x, y)를 좌표로 하는 점을 좌표평면 위에 나타내기

08 그래프 해석하기

두 변수 사이의 관계를 그래프로 나타내면 두 변수의 변화 관계를 쉽게 알아볼 수 있다.

◉ 어떤 물체가 x시간 동안 시속 y km로 움직일 때

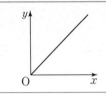	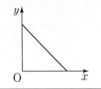	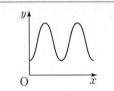	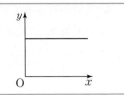
시간이 지남에 따라 속력이 일정하게 증가한다.	시간이 지남에 따라 속력이 일정하게 감소한다.	시간이 지남에 따라 속력이 증가했다 감소했다를 반복한다.	시간이 지나도 같은 속력을 유지한다.

1-1 다음 주어진 상황과 그 상황에 가장 알맞은 그래프를 바르게 연결하시오.

(1) 콜라 한 병을 일정한 속도로 마셨을 때, x초 후 콜라병에 남아 있는 콜라의 양은 y mL이다.

➡ 시간이 지남에 따라 남은 콜라의 양은 일정하게 감소한다.

・ ㉠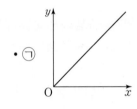

(2) 그네가 일정하게 움직이고 있을 때, x초 후 그네의 높이는 y m이다.

・ ㉡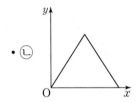

(3) 경민이가 출발점에서 반환점까지 일정한 속력으로 1회 왕복하였을 때, x초 후 출발점으로부터의 거리는 y m이다.

・ ㉢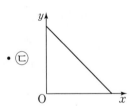

(4) 원기둥 모양의 빈 물통에 일정한 속도로 물을 넣었을 때, x초 후 물의 높이는 y cm이다.

・ ㉣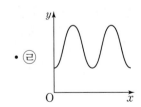

> **핵심 체크**
>
> 그래프를 이용하면 증가와 감소, 주기적 변화 등을 쉽게 파악할 수 있다.

2-1 태양이는 자전거를 타고 집에서 출발한 지 40분 후 서점에 도착하였는데 중간에 친구를 만나 멈춰서 이야기를 한 후 다시 이동하였다. 다음 그림은 태양이가 집에서 출발한 후 x분 동안 이동한 거리를 y km라 할 때, 두 변수 x, y 사이의 관계를 나타낸 것이다. 물음에 답하시오.

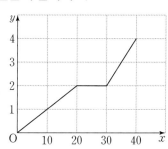

(1) 태양이가 집에서 출발한 후 20분 동안 이동한 거리는 몇 km인지 구하시오.

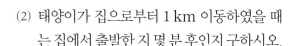

x좌표가 20인 점의 좌표는 $(20, \boxed{})$이므로 태양이가 집에서 출발한 후 20분 동안 이동한 거리는 $\boxed{}$km이다.

(2) 태양이가 집으로부터 1 km 이동하였을 때는 집에서 출발한 지 몇 분 후인지 구하시오.

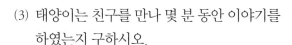

(3) 태양이는 친구를 만나 몇 분 동안 이야기를 하였는지 구하시오.

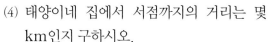

(4) 태양이네 집에서 서점까지의 거리는 몇 km인지 구하시오.

2-2 진구는 집에서 거리가 500 m인 문구점에 가서 준비물을 사고 집으로 돌아왔다. 다음 그림은 진구가 집을 출발한 지 x분 후 집으로부터 진구까지의 거리를 y m라 할 때, 두 변수 x, y 사이의 관계를 나타낸 것이다. 물음에 답하시오.

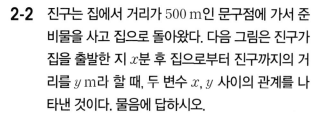

(1) 진구가 집에서 출발한 지 6분 후 집으로부터 진구까지의 거리는 몇 m인지 구하시오.

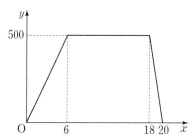

(2) 진구가 문구점에서 머문 시간은 몇 분인지 구하시오.

(3) 진구가 문구점에서 집으로 돌아오는 데 걸린 시간을 구하시오.

핵심 체크

• 그래프 위의 점이 어떤 의미를 갖는지 해석한다.
• 일부 구간에서 x의 값에 따른 y의 값의 변화를 해석한다.

기본연산 집중연습 | 05~08

○ 다음 주어진 점은 제몇 사분면에 속하는지 구하시오.

1-1 $(1, 5)$

1-2 $(3, -6)$

1-3 $(-7, -1)$

1-4 $(-5, 2)$

1-5 $(3, 0)$

1-6 $(0, -5)$

1-7 $(4, 6)$

1-8 $(-3, -3)$

1-9 $(0, 0)$

○ $a < 0, b > 0$일 때, 각 점은 제몇 사분면에 속하는지 구하시오.

2-1 (a, b)

2-2 $(-a, b)$

2-3 (b, a)

2-4 $(a, -b)$

2-5 $(-a, -b)$

2-6 $(-b, -a)$

핵심 체크

❶ (i) $(+, +)$ ➡ 제1사분면　　(ii) $(-, +)$ ➡ 제2사분면　　(iii) $(-, -)$ ➡ 제3사분면　　(iv) $(+, -)$ ➡ 제4사분면

❷ x축 또는 y축 위의 점은 어느 사분면에도 속하지 않는다.

3. 민규가 트램펄린에서 일정하게 뛰어오를 때, 트램펄린을 타기 시작한 지 x초 후의 높이를 y m라 하자. 다음은 x초와 높이 y m 사이의 관계를 나타낸 그래프를 보며 친구들끼리 나눈 대화이다. 바르게 말한 사람을 모두 고르시오.

아리: 그래프가 점 $(1, 1)$을 지나네. 그러면 민규가 트램펄린을 타기 시작한 지 1초 후의 높이는 1 m구나.

윤찬: 민규가 트램펄린을 뛰어오르는 최고 높이는 8 m네.

명오: 그래프에서 /\ 모양이 한 번 나타날 때 1초가 걸려. 즉 민규가 한 번 뛰어올랐다 다시 내려오는 데 1초가 걸린다는 뜻이지.

수민: 그래프에서 /\ 모양이 4번 되풀이되는 데 8초가 걸리므로 민규는 8초 동안 4번 뛰어올랐다 내려왔어.

---

3 좌표평면과 그래프

핵심 체크

❸ 좌표가 주어지는 경우 그래프의 해석
　(ⅰ) x축과 y축이 각각 무엇을 나타내는지 확인한다.
　(ⅱ) 그래프가 지나는 점의 좌표를 읽어 그 의미를 해석한다.

09 정비례 관계

① 정비례 : 두 변수 x와 y 사이에 x의 값이 2배, 3배, 4배, …가 될 때, y의 값도 2배, 3배, 4배, …가 되는 관계가 있으면 y는 x에 정비례한다고 한다.

② 정비례 관계식 : y가 x에 정비례할 때, 0이 아닌 일정한 수 a에 대하여 $y=ax$인 관계가 성립한다.

$$y=ax$$

⑩ 한 개에 500원 하는 사탕 x개의 가격을 y원이라 할 때, x와 y 사이의 관계식은

x (개)	1	2	3	4	…
y (원)	500	1000	1500	2000	…

2배 3배 4배

➡ y는 x에 정비례한다. ➡ x와 y 사이의 관계식은 $y=500x$

└ y의 값이 x의 값의 500배

1-1 어떤 드론이 초속 6 m로 움직이고 있다. 드론이 x초 동안 움직인 거리를 y m라 할 때, 다음 물음에 답하시오.

(1) 아래 표를 완성하시오.

x (초)	1	2	3	4
y (m)	6			

(2) x와 y 사이의 관계식을 구하시오.

➡ y는 x에 [ ]하고, y의 값이 x의 값의 6배이므로 관계식은 $y=\boxed{}x$이다.

1-2 소연이가 분속 180 m로 달리고 있다. 소연이가 x분 동안 달린 거리를 y m라 할 때, 다음 물음에 답하시오.

(1) 아래 표를 완성하시오.

x (분)	1	2	3	4
y (m)				

(2) x와 y 사이의 관계식을 구하시오.

2-1 한 개에 300원 하는 스티커가 있다. 이 스티커 x개의 가격을 y원이라 할 때, 다음 물음에 답하시오.

(1) 아래 표를 완성하시오.

x (개)	1	2	3	4
y (원)				

(2) x와 y 사이의 관계식을 구하시오.

2-2 가로의 길이가 5 cm, 세로의 길이가 x cm인 직사각형의 넓이를 y cm²라 할 때, 다음 물음에 답하시오.

(1) 아래 표를 완성하시오.

x (cm)	1	2	3	4
y (cm²)				

(2) x와 y 사이의 관계식을 구하시오.

핵심 체크

x	1	2	3	4
y	2	4	6	8

×2 ×2 ×2 ×2

➡ y가 x의 **2**배이므로 x와 y 사이의 관계식은 $y=$**2**x이다.

○ 다음 문장을 읽고 x와 y 사이의 관계식을 구하시오.

3-1 한 변의 길이가 x cm인 정사각형의 둘레의 길이 y cm

➡ 정사각형은 네 변의 길이가 모두 같으므로 둘레의 길이는 $\boxed{} \times$ (한 변의 길이)이다. ∴ $y = \boxed{} x$

3-2 한 변의 길이가 x cm인 정삼각형의 둘레의 길이 y cm

_____

4-1 가로의 길이가 x cm, 세로의 길이가 10 cm인 직사각형의 넓이 y cm²

_____

4-2 밑변의 길이가 10 cm, 높이가 x cm인 삼각형의 넓이 y cm²

_____

5-1 한 권에 1500원 하는 공책 x권의 가격 y원

_____

5-2 한 개에 x원 하는 아이스크림 15개의 가격 y원

_____

6-1 고양이 x마리의 다리의 총 개수 y개

_____

6-2 한 개에 x g인 구슬 10개의 무게 y g

_____

7-1 한 사람당 2000원씩 x명이 모은 회비 y원

_____

7-2 두께가 2 cm인 스펀지 x장을 쌓을 때 전체 높이 y cm

_____

8-1 빈 물통에 매분 5 L씩 물을 넣을 때 x분 동안 넣은 물의 양 y L

_____

8-2 시속 x km로 2시간 동안 간 거리 y km

_____

핵심 체크

• (직사각형의 넓이) = (가로의 길이) × (세로의 길이), (삼각형의 넓이) = $\frac{1}{2}$ × (밑변의 길이) × (높이)

• (거리) = (속력) × (시간)

09 정비례 관계

○ 다음 중 y가 x에 정비례하면 ○표, 정비례하지 않으면 ×표를 하시오. $y=ax$ 또는 $\dfrac{y}{x}=a(a\neq0$인 상수$)$의 꼴이면 y는 x에 정비례해.

9-1 $y=\dfrac{x}{4}$ ( )   **9-2** $xy=3$ ( )

10-1 $y=-x+1$ ( )   **10-2** $\dfrac{y}{x}=2$ ( )

11-1 $y=-5x$ ( )   **11-2** $y=\dfrac{8}{x}$ ( )

○ y가 x에 정비례할 때, 다음 조건을 만족하는 x와 y 사이의 관계식을 구하시오.

12-1
> $x=3$일 때, $y=9$이다.
> ➡ y가 x에 정비례하므로 관계식을
> $y=ax$로 놓고 $x=3$, $y=9$를 대입하면
> $9=a\times3$ ∴ $a=\boxed{}$, 즉 $y=\boxed{}x$

12-2 $x=2$일 때, $y=-8$이다.

_____

13-1 $x=-5$일 때, $y=15$이다.

_____

13-2 $x=-4$일 때, $y=-6$이다.

_____

핵심 체크

y가 x에 정비례할 때 x와 y 사이의 관계식 ➡ $y=ax(a\neq0)$

10 정비례 관계의 그래프 그리기 (1)

정비례 관계 $y=2x$에서 x의 값 사이의 간격을 점점 좁게 하여 순서쌍 (x, y)를 좌표로 하는 점을 좌표평면 위에 나타내면 [그림 1], [그림 2]와 같이 점점 직선에 가깝게 촘촘해진다. 따라서 x의 값이 모든 수일 때, 정비례 관계 $y=2x$의 그래프는 [그림 3]과 같이 원점을 지나는 직선이 된다.

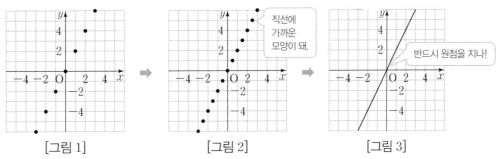

[그림 1]　　　　[그림 2]　　　　[그림 3]

○ 다음 정비례 관계식에 대하여 물음에 답하시오.

1-1 $y=3x$

(1) 아래 표를 완성하시오.

x	-2	-1	0	1	2
y					

(2) (1)의 표에서 순서쌍 (x, y)를 좌표로 하는 점을 아래 좌표평면 위에 나타내시오.

(3) (2)에서 나타낸 점들을 직선으로 이어 정비례 관계 $y=3x$의 그래프를 그리시오.

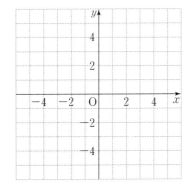

1-2 $y=-3x$

(1) 아래 표를 완성하시오.

x	-2	-1	0	1	2
y					

(2) (1)의 표에서 순서쌍 (x, y)를 좌표로 하는 점을 아래 좌표평면 위에 나타내시오.

(3) (2)에서 나타낸 점들을 직선으로 이어 정비례 관계 $y=-3x$의 그래프를 그리시오.

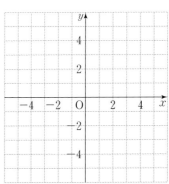

핵심 체크

표를 이용하여 순서쌍 (x, y) 구하기 ➡ (x, y)를 좌표로 하는 점 찍기 ➡ 점들을 직선으로 잇기

10 정비례 관계의 그래프 그리기 (1)

○ 다음 정비례 관계식에 대하여 표를 완성하고, 이를 이용하여 좌표평면 위에 그래프를 그리시오.

2-1 $y=x$

(1) 표 채우기

x	-2	-1	0	1	2
y					

(2) 표를 이용하여 그래프 그리기

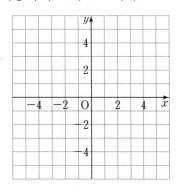

2-2 $y=-x$

(1) 표 채우기

x	-2	-1	0	1	2
y					

(2) 표를 이용하여 그래프 그리기

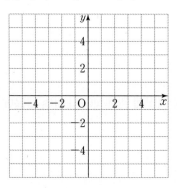

3-1 $y=\dfrac{1}{2}x$

(1) 표 채우기

x	-4	-2	0	2	4
y					

(2) 표를 이용하여 그래프 그리기

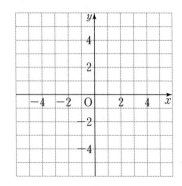

3-2 $y=-\dfrac{1}{2}x$

(1) 표 채우기

x	-4	-2	0	2	4
y					

(2) 표를 이용하여 그래프 그리기

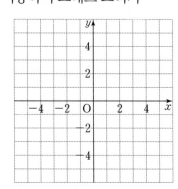

> **핵심 체크**
>
> 정비례 관계 $y=ax\,(a\neq0)$의 그래프는 원점을 지나는 직선이다.

11 정비례 관계의 그래프 그리기 (2)

두 점을 지나는 직선은 오직 하나뿐이므로 정비례 관계 $y=ax(a\neq0)$의 그래프는 원점과 그래프가 지나는 다른 한 점을 찾아 직선으로 이으면 쉽게 그릴 수 있다.

정비례 관계 $y=2x$의 그래프 그리기

❶ 그래프는 원점 $(0, 0)$을 지나므로 좌표평면 위에 원점 $(0, 0)$을 나타낸다.

❷ 0을 제외한 적당한 x의 값을 대입하여 y의 값을 구한다.
   ➡ $x=1$일 때, $y=2\times1=2$

❸ 순서쌍 $(1, 2)$를 좌표로 하는 점을 좌표평면에 나타낸 후, 점 $(0, 0)$과 점 $(1, 2)$를 직선으로 잇는다.

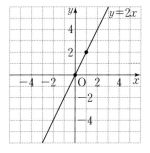

○ 다음 정비례 관계식에 대하여 □ 안에 알맞은 것을 써넣고, 아래의 좌표평면 위에 정비례 관계의 그래프를 그리시오.

1-1 $y=x$

① 원점 $(0, \Box)$을 지난다.

② $x=1$일 때, $y=\Box$이므로
   점 $(\Box, \Box)$을 지난다.

③ 그래프의 모양은 (직선, 곡선)이다.

1-1 $y=-x$

① 원점 $(0, \Box)$을 지난다.

② $x=1$일 때, $y=\Box$이므로
   점 $(\Box, \Box)$을 지난다.

③ 그래프의 모양은 (직선, 곡선)이다.

핵심 체크

정비례 관계의 그래프가 지나는 점을 쉽게 찾는 방법

① x의 계수가 정수일 때, $x=1$을 대입한다.

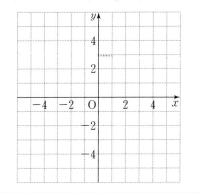 $y=5x$일 때, $x=1$을 대입하면 $y=5\times1=5$이므로 그래프는 점 $(1, 5)$를 지난다.

② x의 계수가 분수일 때, x에 x의 계수의 분모를 대입한다.

예 $y=\frac{1}{5}x$일 때, $x=5$를 대입하면 $y=\frac{1}{5}\times5=1$이므로 그래프는 점 $(5, 1)$을 지난다.

11 정비례 관계의 그래프 그리기 ⑵

○ 다음 정비례 관계의 그래프가 지나는 두 점의 좌표를 구하고, 이 두 점을 이용하여 그래프를 그리시오.

2-1 $y = 4x$ ➡ $(0, \boxed{}), (1, \boxed{})$

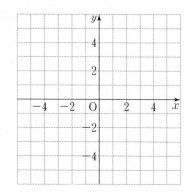

2-2 $y = -3x$ ➡ $(0, \boxed{}), (1, \boxed{})$

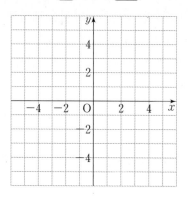

3-1 $y = \dfrac{1}{3}x$ ➡ $(\boxed{}, 0), (3, \boxed{})$

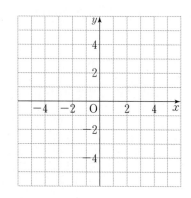

3-2 $y = -\dfrac{2}{3}x$ ➡ $(\boxed{}, 0), (3, \boxed{})$

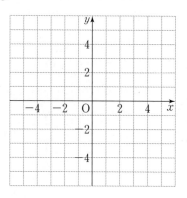

4-1 $y = -\dfrac{3}{2}x$ ➡ $(0, \boxed{}), (2, \boxed{})$

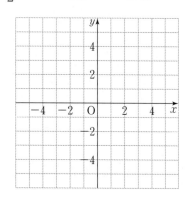

4-2 $y = \dfrac{3}{4}x$ ➡ $(0, \boxed{}), (4, \boxed{})$

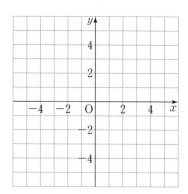

핵심 체크

정비례 관계의 그래프를 그릴 때, 그래프가 지나는 두 점을 찾아 직선으로 이어야 함에 주의한다.

예 정비례 관계 $y = -2x$의 그래프 ➡ 두 점 $(0, 0), (1, -2)$를 지난다.

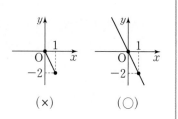

12 정비례 관계의 그래프의 성질

정답과 해설 | **31**쪽

정비례 관계 $y=ax(a \neq 0)$의 그래프는 원점을 지나는 직선이다.

$a>0$일 때

❶ 오른쪽 위로 향한다.

❷ 제1사분면과 제3사분면을 지난다.

❸ x의 값이 증가하면 y의 값도 증가한다.

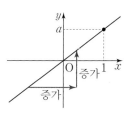

$a<0$일 때

❶ 오른쪽 아래로 향한다.

❷ 제2사분면과 제4사분면을 지난다.

❸ x의 값이 증가하면 y의 값은 감소한다.

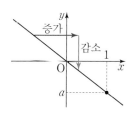

참고 정비례 관계 $y=ax(a \neq 0)$의 그래프는 a의 절댓값이 클수록 y축에 가깝고, 항상 점 $(1, a)$를 지난다.

○ 다음 정비례 관계의 그래프를 그리고, 물음에 답하시오.

1-1 ㉠ $y=x$ ㉡ $y=\dfrac{1}{2}x$ ㉢ $y=\dfrac{3}{2}x$

(1) 제1사분면과 제3사분면을 지나는 그래프를 모두 구하시오.

_____

(2) x의 값이 증가할 때, y의 값도 증가하는 그래프를 모두 구하시오.

_____

(3) y축에 가장 가까운 그래프를 구하시오.

_____

1-2 ㉠ $y=-x$ ㉡ $y=-\dfrac{1}{4}x$ ㉢ $y=-2x$

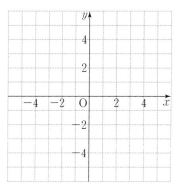

(1) 제2사분면과 제4사분면을 지나는 그래프를 모두 구하시오.

_____

(2) x의 값이 증가할 때, y의 값은 감소하는 그래프를 모두 구하시오.

_____

(3) y축에 가장 가까운 그래프를 구하시오.

_____

핵심 체크

정비례 관계 $y=ax(a \neq 0)$의 그래프에서

(ⅰ) $a>0$이면 오른쪽 위로 향하는 직선이다.

(ⅱ) $a<0$이면 오른쪽 아래로 향하는 직선이다.

○ 다음 정비례 관계의 그래프는 제몇 사분면을 지나는지 구하시오. 또 그래프가 x의 값이 증가할 때 y의 값도 증가하는 것에는 '증가'를, x의 값이 증가할 때 y의 값은 감소하는 것에는 '감소'를 ( ) 안에 써넣으시오.

2-1 $y=5x$

[연구] x의 계수는 ⑤이고 ⑤ > 0이므로 그래프는

제 ☐ 사분면, 제 ☐ 사분면을 지나고, x의 값이 증가

할 때 y의 값도 ☐ 한다.

2-2 $y=\dfrac{1}{3}x$

➡ 제☐사분면, 제☐사분면, (   )

3-1 $y=6x$

➡ 제☐사분면, 제☐사분면, (   )

3-2 $y=-7x$

➡ 제☐사분면, 제☐사분면, (   )

4-1 $y=-\dfrac{1}{2}x$

➡ 제☐사분면, 제☐사분면, (   )

4-2 $y=-4x$

➡ 제☐사분면, 제☐사분면, (   )

5-1 $y=\dfrac{3}{2}x$

➡ 제☐사분면, 제☐사분면, (   )

5-2 $y=-\dfrac{3}{4}x$

➡ 제☐사분면, 제☐사분면, (   )

6-1 $y=-x$

➡ 제☐사분면, 제☐사분면, (   )

6-2 $y=\dfrac{2}{5}x$

➡ 제☐사분면, 제☐사분면, (   )

7-1 $y=10x$

➡ 제☐사분면, 제☐사분면, (   )

7-2 $y=-\dfrac{7}{2}x$

➡ 제☐사분면, 제☐사분면, (   )

8-1 $y=-\dfrac{3}{5}x$

➡ 제☐사분면, 제☐사분면, (   )

8-2 $y=-3x$

➡ 제☐사분면, 제☐사분면, (   )

핵심 체크

정비례 관계 $y=ax(a\neq0)$의 그래프에서

(i) $a>0$이면 제1사분면과 제3사분면을 지나고, x의 값이 증가하면 y의 값도 증가한다.

(ii) $a<0$이면 제2사분면과 제4사분면을 지나고, x의 값이 증가하면 y의 값은 감소한다.

다음 정비례 관계의 그래프에 대한 설명으로 옳은 것에는 ○표, 옳지 않은 것에는 ×표를 하시오.

9-1 $y=2x$

(1) 오른쪽 위로 향하는 직선이다. (   )

(2) 점 $(2, 1)$을 지난다. (   )

(3) 제1사분면과 제3사분면을 지난다.
(   )

(4) 점 $(0, 0)$을 지난다. (   )

9-2 $y=-4x$

(1) 원점을 지나지 않는다. (   )

(2) 점 $(1, -4)$를 지난다. (   )

(3) 제2사분면과 제4사분면을 지난다.
(   )

(4) 오른쪽 위로 향하는 직선이다. (   )

10-1 $y=\dfrac{3}{4}x$

(1) 원점을 지나지 않는다. (   )

(2) x의 값이 증가하면 y의 값도 증가한다.
(   )

(3) 점 $\left(-2, -\dfrac{3}{2}\right)$을 지난다. (   )

(4) 제2사분면과 제4사분면을 지난다.
(   )

10-2 $y=-\dfrac{3}{2}x$

(1) 점 $(2, -3)$을 지난다 (   )

(2) 원점을 지나는 직선이다. (   )

(3) 제2사분면과 제4사분면을 지난다.
(   )

(4) x의 값이 증가하면 y의 값도 증가한다.
(   )

3 좌표평면과 그래프

핵심 체크

정비례 관계 $y=ax\,(a\neq 0)$의 그래프가 점 $(\bullet, \blacksquare)$를 지난다.

➡ $y=ax$에 $x=\bullet$, $y=\blacksquare$를 대입하면 (좌변)=(우변)이다.

기본연산 집중연습 | 09~12

○ 다음 정비례 관계의 그래프가 지나는 두 점의 좌표를 구하고, 이 두 점을 이용하여 그래프를 그리시오.

1-1 $y=5x$ ➡ $(0, \boxed{}), (1, \boxed{})$

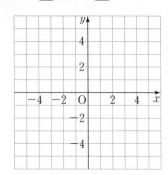

1-2 $y=-4x$ ➡ $(\boxed{}, 0), (1, \boxed{})$

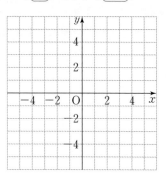

1-3 $y=\dfrac{2}{3}x$ ➡ $(0, \boxed{}), (3, \boxed{})$

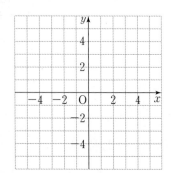

1-4 $y=-\dfrac{5}{4}x$ ➡ $(\boxed{}, 0), (4, \boxed{})$

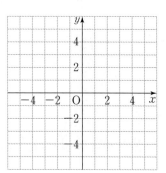

○ 다음 정비례 관계의 그래프에 대한 설명으로 옳은 것에는 ○표, 옳지 않은 것에는 ×표를 하시오.

2-1 $y=x$

(1) 점 $(1, -1)$을 지난다. (   )

(2) 제1사분면과 제3사분면을 지난다.

(   )

(3) x의 값이 증가하면 y의 값은 감소한다.

(   )

(4) 원점을 지난다. (   )

(5) 오른쪽 위로 향하는 직선이다. (   )

2-2 $y=-\dfrac{1}{3}x$

(1) 점 $(3, -1)$을 지난다. (   )

(2) 제1사분면과 제3사분면을 지난다.

(   )

(3) x의 값이 증가하면 y의 값은 감소한다.

(   )

(4) 원점을 지나지 않는다. (   )

(5) 오른쪽 아래로 향하는 직선이다. (   )

핵심 체크

❶ 정비례 관계 $y=ax(a\neq0)$의 그래프는 원점을 지나는 직선이다.

3. 다음 표에서 y가 x에 정비례하는 관계식에만 색을 칠하였을 때, 만들어지는 단어를 말하시오.

$y=3x$	$y=10x$	$y=-x$	$y=-\dfrac{1}{3}x$	$y=\dfrac{7}{x}$
$y=\dfrac{2}{x}$	$\dfrac{y}{x}=4$	$xy=10$	$y=-2x$	$y=2x+1$
$y=3x-1$	$y=\dfrac{1}{4}x$	$y=\dfrac{1}{x}$	$y=x$	$y=-x-1$
$y=-3x$	$y=5x$	$y=8x$	$\dfrac{y}{x}=1$	$y=\dfrac{x}{10}$
$y=-\dfrac{10}{x}$	$y=1$	$y=\dfrac{x}{6}$	$xy=\dfrac{1}{3}$	$xy=-1$
$y=x^{2}$	$y=-9x$	$\dfrac{y}{x}=2$	$\dfrac{x}{y}=6$	$y=\dfrac{3}{x}$
$r=3$	$\dfrac{x}{y}=\dfrac{1}{2}$	$\dfrac{1}{y}=x$	$y=-8x$	$y=\dfrac{1}{x}-1$
$xy=4$	$y=-\dfrac{x}{5}$	$y=4x$	$\dfrac{y}{x}=7$	$y=-\dfrac{1}{x}$

단어 : _____

핵심 체크

❷ y가 x에 정비례한다. ➡ 0이 아닌 일정한 수 a에 대하여 $y=ax$ 또는 $\dfrac{y}{x}=a$인 관계가 성립한다.

13 정비례 관계의 그래프 위의 점

정답과 해설 | **32**쪽

점 $(a, 6)$은 정비례 관계 $y=2x$의 그래프 위의 점이다.

➡ 정비례 관계 $y=2x$의 그래프가 점 $(a, 6)$을 지난다.

➡ $y=2x$에 $x=a$, $y=6$을 대입하면 등식이 성립하므로

   $6=2\times a$ ∴ $a=3$

○ **다음을 구하시오.**

1-1 정비례 관계 $y=-5x$의 그래프가 점 $(-2, a)$를 지날 때, a의 값

_____

1-2 점 $(-4, a)$가 정비례 관계 $y=\dfrac{3}{2}x$의 그래프 위의 점일 때, a의 값

_____

2-1 점 $\left(\dfrac{1}{2}, a\right)$가 정비례 관계 $y=4x$의 그래프 위의 점일 때, a의 값

_____

2-2 정비례 관계 $y=-3x$의 그래프가 점 $\left(-\dfrac{1}{3}, a\right)$를 지날 때, a의 값

_____

3-1 점 $(a, 3)$이 정비례 관계 $y=6x$의 그래프 위의 점일 때, a의 값

_____

3-2 정비례 관계 $y=-2x$의 그래프가 점 $(a, 10)$을 지날 때, a의 값

_____

4-1 정비례 관계 $y=\dfrac{2}{3}x$의 그래프가 점 $(a, 2)$를 지날 때, a의 값

_____

4-2 점 $\left(a, \dfrac{1}{4}\right)$이 정비례 관계 $y=-\dfrac{1}{4}x$의 그래프 위의 점일 때, a의 값

_____

핵심 체크

점 (p, q)는 정비례 관계 $y=ax(a\neq0)$의 그래프 위의 점이다. ➡ 정비례 관계 $y=ax$의 그래프가 점 (p, q)를 지난다.

➡ $y=ax$에 $x=p$, $y=q$를 대입하면 등식이 성립한다.

14 정비례 관계의 그래프의 식 구하기 (1)

정답과 해설 | **33**쪽

정비례 관계 $y=ax$의 그래프가 지나는 점 (p, q)의 좌표가 주어질 때, $y=ax$에 $x=p$, $y=q$를 대입하여 상수 a의 값을 구한다.

점 (■, ▲)를 지난다.

⬇

▲ = a × ■

예 정비례 관계 $y=ax$의 그래프가 점 $(2, 4)$를 지난다.

➡ $y=ax$에 $x=2$, $y=4$를 대입하면

$4=a \times 2$ ∴ $a=2$

○ 정비례 관계 $y=ax$의 그래프가 다음 점을 지날 때, 상수 a의 값을 구하시오.

1-1
$(1, 2)$
➡ $y=ax$에 $x=1$, $y=2$를 대입하면
$2=a \times 1$ ∴ $a=\square$

1-2 $(2, -5)$

_____

2-1 $(-2, 3)$

_____

2-2 $(1, -3)$

_____

3-1 $(-3, -5)$

_____

3-2 $(-2, -8)$

_____

4-1 $(-3, -6)$

_____

4-2 $(6, 2)$

_____

5-1 $\left(\dfrac{1}{2}, 5\right)$

_____

5-2 $\left(-\dfrac{2}{3}, 4\right)$

_____

핵심 체크

정비례 관계 $y=ax \, (a \neq 0)$에서 $\dfrac{y}{x}=a$이므로 그래프가 지나는 점을 이용하여 상수 a의 값을 구할 때, $\dfrac{(y\text{좌표})}{(x\text{좌표})}$의 값을 구하여도 된다.

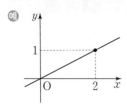

정비례 관계의 그래프의 식 구하기 (2)

① 그래프가 원점을 지나는 직선이므로 그래프의 식을 $y=ax(a \neq 0)$로 놓는다.

② 그래프가 지나는 원점이 아닌 점의 좌표를 $y=ax$에 대입하여 a의 값을 구한다.

③ $y=ax$에 ②에서 구한 a의 값을 대입하여 그래프의 식을 구한다.

예

① 그래프가 원점을 지나는 직선이므로 그래프의 식을 $y=ax(a \neq 0)$로 놓는다.

② 그래프가 점 $(2, 1)$을 지나므로 $y=ax$에 $x=2$, $y=1$을 대입한다.

➡ $1=a \times 2$ ∴ $a=\dfrac{1}{2}$

③ 따라서 그래프의 식은 $y=\dfrac{1}{2}x$

○ 정비례 관계 $y=ax$의 그래프가 다음과 같을 때, 상수 a의 값을 구하시오.

1-1

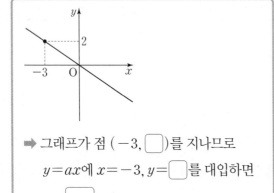

➡ 그래프가 점 $(-3, \boxed{})$를 지나므로

$y=ax$에 $x=-3$, $y=\boxed{}$를 대입하면

$a=\boxed{}$

1-2

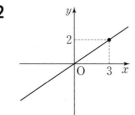

_____

2-1

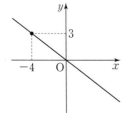

_____

2-2

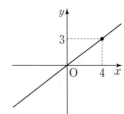

_____

3-1

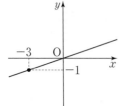

_____

3-2

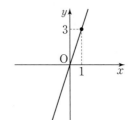

_____

주어진 그래프에서 그래프가 지나는 원점이 아닌 점의 좌표 (p, q)를 찾는다. ➡ $y=ax$에 $x=p$, $y=q$를 대입하여 a의 값을 구한다.

○ 다음 좌표평면 위에 주어진 그래프의 식을 구하시오.

4-1
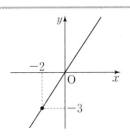

① 그래프가 원점을 지나는 직선이므로 그래프의 식을 $y=ax$($a \neq 0$)로 놓는다.

② 그래프가 점 $(-2, -3)$을 지나므로

$y=ax$에 $x=\boxed{}$, $y=\boxed{}$을 대입하면

$a=\boxed{}$

③ 따라서 그래프의 식은 $\boxed{}$

4-2
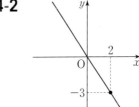

_____

5-1
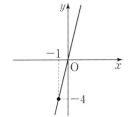

_____

5-2
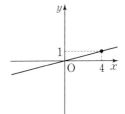

_____

6-1
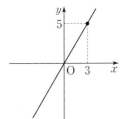

_____

6-2
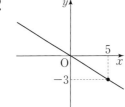

_____

핵심 체크

원점을 지나는 직선 ➡ 정비례 관계의 그래프 ➡ 그래프의 식은 $y=ax$($a \neq 0$)의 꼴

16 정비례 관계의 그래프의 식 구하기 (3)

정비례 관계 $y=ax$의 그래프가 두 점 $(-4, 6)$, $(2, b)$를 지난다.

① 그래프의 식 구하기
➡ 그래프가 점 $(-4, 6)$을 지나므로
$y=ax$에 $x=-4$, $y=6$을 대입하면
$6=a\times(-4)$
$\therefore a=-\dfrac{3}{2}$, 즉 $y=-\dfrac{3}{2}x$

② b의 값 구하기
➡ 그래프가 점 $(2, b)$를 지나므로
$y=-\dfrac{3}{2}x$에 $x=2$, $y=b$를 대입하면
$b=-\dfrac{3}{2}\times2=-3$

○ 정비례 관계 $y=ax$의 그래프가 다음 두 점을 지날 때, a, b의 값을 각각 구하시오. (단, a는 상수)

1-1 $(1, 6)$, $(b, 4)$
➡ $y=ax$에 $x=1$, $y=6$을 대입하면
$a=\boxed{}$, 즉 $y=\boxed{}x$
$y=\boxed{}x$에 $x=b$, $y=4$를 대입하면
$b=\boxed{}$

1-2 $(-1, 3)$, $(b, 15)$

$a=\underline{}$, $b=\underline{}$

2-1 $(3, -1)$, $(b, -2)$

$a=\underline{}$, $b=\underline{}$

2-2 $(6, 3)$, $(b, -5)$

$a=\underline{}$, $b=\underline{}$

3-1 $(1, 1)$, $(-3, b)$

$a=\underline{}$, $b=\underline{}$

3-2 $(3, 1)$, $(-2, b)$

$a=\underline{}$, $b=\underline{}$

4-1 $(-2, -5)$, $(2, b)$

$a=\underline{}$, $b=\underline{}$

4-2 $(4, -2)$, $(-6, b)$

$a=\underline{}$, $b=\underline{}$

핵심 체크

정비례 관계 $y=ax(a\neq0)$의 그래프가 점 (p, q)를 지난다.
➡ $y=ax$에 $x=p$, $y=q$를 대입하면 등식이 성립함을 이용하여 a의 값을 구한다.

○ 다음 좌표평면 위에 주어진 그래프를 보고, 그래프의 식과 b의 값을 각각 구하시오.

5-1
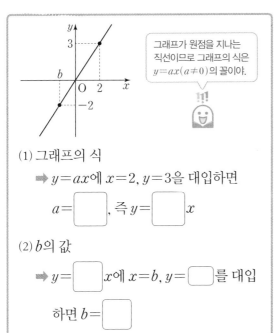

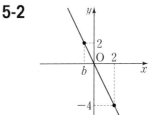
그래프가 원점을 지나는 직선이므로 그래프의 식은 $y=ax\,(a\neq0)$의 꼴이야.

(1) 그래프의 식

➡ $y=ax$에 $x=2$, $y=3$을 대입하면

$a=\boxed{}$, 즉 $y=\boxed{}x$

(2) b의 값

➡ $y=\boxed{}x$에 $x=b$, $y=\boxed{}$를 대입

하면 $b=\boxed{}$

5-2
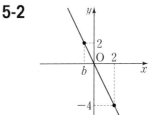

(1) 그래프의 식

_____

(2) b의 값

_____

6-1
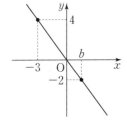

(1) 그래프의 식

_____

(2) b의 값

_____

6-2
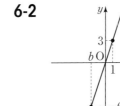

(1) 그래프의 식

_____

(2) b의 값

_____

7-1
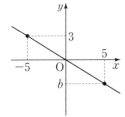

(1) 그래프의 식

_____

(2) b의 값

_____

7-2

(1) 그래프의 식

_____

(2) b의 값

_____

핵심 체크

정비례 관계의 그래프가 지나는 두 점의 좌표가 주어질 때 미지수의 값 구하는 순서

① 미지수가 없는 점의 좌표를 이용하여 그래프의 식을 구한다. ➡ ② ①에서 구한 그래프의 식에 미지수가 있는 점의 좌표를 대입

하여 미지수의 값을 구한다.

기본연산 집중연습 | 13~16

O 정비례 관계 $y=ax$의 그래프가 다음 점을 지날 때, 상수 a의 값을 구하시오.

1-1 $(5, 2)$

1-2 $(3, -2)$

1-3 $(-4, -3)$

1-4 $(-3, 5)$

1-5 $(-5, 2)$

1-6 $(1, -6)$

O 다음 좌표평면 위에 주어진 그래프의 식을 구하시오.

2-1

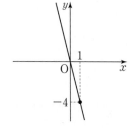

2-2

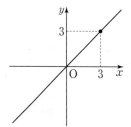

2-3

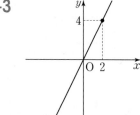

2-4

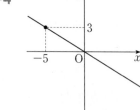

2-5

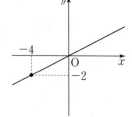

2-6

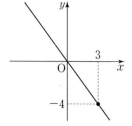

> **핵심 체크**
>
> ❶ 그래프의 식 구하는 순서
>
>   (i) 그래프가 원점을 지나는 직선이면 그래프의 식을 $y=ax\,(a\neq0)$의 꼴로 놓는다.
>
>   (ii) 그래프가 지나는 점의 좌표를 이용하여 상수 a의 값을 구한다.

○ 다음 좌표평면 위에 주어진 그래프를 보고, 그래프의 식과 b의 값을 각각 구하시오.

3-1

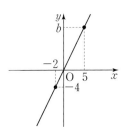

➡ 그래프의 식 : _____

　　b의 값 : _____

3-2

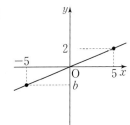

➡ 그래프의 식 : _____

　　b의 값 : _____

3-3

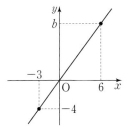

➡ 그래프의 식 : _____

　　b의 값 : _____

3-4

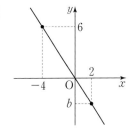

➡ 그래프의 식 : _____

　　b의 값 : _____

3-5

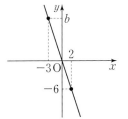

➡ 그래프의 식 : _____

　　b의 값 : _____

3-6

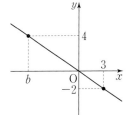

➡ 그래프의 식 : _____

　　b의 값 : _____

핵심 체크

❷ 그래프가 지나는 두 점의 좌표가 주어질 때에는 미지수가 없는 점의 좌표를 이용하여 먼저 그래프의 식을 구한다.

17 반비례 관계

① 반비례 : 두 변수 x와 y 사이에 x의 값이 2배, 3배, 4배, …가 될 때, y의 값은 $\frac{1}{2}$배, $\frac{1}{3}$배, $\frac{1}{4}$배, …가 되는 관계가 있으면 y는 x에 반비례한다고 한다.

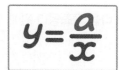

② 반비례 관계식 : y가 x에 반비례할 때, 0이 아닌 일정한 수 a에 대하여 $y=\dfrac{a}{x}$인 관계가 성립한다.

⑩ 24 L짜리 빈 물통에 물을 가득 채우려고 한다. 매분 x L씩 넣으면 y분이 걸린다고 할 때, x와 y 사이의 관계식은

x(L)	1	2	3	4	…
y(분)	24	12	8	6	…

2배, 3배, 4배 / $\frac{1}{2}$배, $\frac{1}{3}$배, $\frac{1}{4}$배

➡ y는 x에 반비례한다. ➡ x와 y 사이의 관계식은 $y=\dfrac{24}{x}$

└ xy의 값이 24로 일정

1-1 넓이가 $36\ \mathrm{cm^2}$인 직사각형의 가로의 길이가 x cm 이고, 세로의 길이는 y cm일 때, 다음 물음에 답하시오.

(1) 아래 표를 완성하시오.

x (cm)	1	2	3	4
y (cm)	36			

(2) x와 y 사이의 관계식을 구하시오.

➡ y는 x에 [   ]하고, xy의 값이 [   ]으로 일정하므로 관계식은 $y=\dfrac{\boxed{}}{x}$ 이다.

2-1 무게가 600 g인 케이크를 x조각으로 똑같이 자를 때, 케이크 한 조각의 무게는 y g이다. 다음 물음에 답하시오.

(1) 아래 표를 완성하시오.

x (조각)	1	2	3	4
y (g)				

(2) x와 y 사이의 관계식을 구하시오.

1-2 사탕 20개를 x명에게 똑같이 나누어 줄 때, 한 명이 받는 사탕의 개수는 y개이다. 다음 물음에 답하시오.

(1) 아래 표를 완성하시오.

x (명)	1	2	4	5
y (개)				

(2) x와 y 사이의 관계식을 구하시오.

2-2 전체가 120쪽인 수학 참고서를 매일 x쪽씩 풀면 y일이 걸릴 때, 다음 물음에 답하시오.

(1) 아래 표를 완성하시오.

x (쪽)	10	20	30	40
y (일)				

(2) x와 y 사이의 관계식을 구하시오.

핵심 체크

x	1	2	3	4
y	12	6	4	3

➡ xy의 값이 12로 일정하므로 x와 y 사이의 관계식은 $y=\dfrac{12}{x}$ 이다.

○ 다음 문장을 읽고 x와 y 사이의 관계식을 구하시오.

3-1 시속 x km로 10 km를 달릴 때, 걸리는 시간 y시간

➡ (시간)$=\dfrac{(거리)}{(속력)}$이므로 $y=\dfrac{\boxed{}}{x}$

3-2 분속 x m로 100 m를 이동할 때, 걸리는 시간 y분

_____

4-1 넓이가 200 cm²인 삼각형의 밑변의 길이 x cm와 높이 y cm

_____

4-2 넓이가 24 cm²인 평행사변형의 밑변의 길이 x cm와 높이 y cm

_____

5-1 길이가 100 cm인 끈을 x도막으로 똑같이 자를 때, 한 도막의 길이 y cm

_____

5-2 길이가 50 cm인 막대를 x도막으로 똑같이 나눌 때, 한 도막의 길이 y cm

_____

6-1 1 L의 우유를 x명이 똑같이 나누어 마실 때, 1명이 마시는 우유의 양 y L

_____

6-2 30 L짜리 빈 물통에 매분 x L씩 물을 넣을 때, 가득 채우는 데 걸리는 시간 y분

_____

7-1 공연장에 의자 360개를 한 줄에 x개씩 나열할 때, 줄 수 y줄

_____

7-2 1분당 x자를 입력할 수 있는 학생이 300자를 모두 입력할 때까지 걸리는 시간 y분

_____

> **핵심 체크**
>
> • (시간)$=\dfrac{(거리)}{(속력)}$
>
> • (삼각형의 넓이)$=\dfrac{1}{2}\times$(밑변의 길이)$\times$(높이)

17 반비례 관계

○ 다음 중 y가 x에 반비례하면 ○표, 반비례하지 않으면 ×표를 하시오.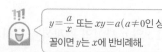

$y=\dfrac{a}{x}$ 또는 $xy=a(a\neq0$인 상수$)$의 꼴이면 y는 x에 반비례해.

8-1 $y=-\dfrac{12}{x}$ (   )   **8-2** $y=\dfrac{x}{10}$ (   )

9-1 $y=\dfrac{1}{x}-1$ (   )   **9-2** $xy=7$ (   )

10-1 $\dfrac{x}{y}=-4$ (   )   **10-2** $y=\dfrac{1}{x}$ (   )

○ y가 x에 반비례할 때, 다음 조건을 만족하는 x와 y 사이의 관계식을 구하시오.

11-1

> $x=2$일 때, $y=3$이다.
>
> ➡ y가 x에 반비례하므로 관계식을
> $y=\dfrac{a}{x}$로 놓고 $x=2$, $y=3$을 대입하면
> $3=\dfrac{a}{2}$ ∴ $a=\boxed{}$, 즉 $y=\dfrac{\boxed{}}{x}$

11-2 $x=1$일 때, $y=-5$이다.

―――――――――

12-1 $x=-3$일 때, $y=8$이다.

―――――――――

12-2 $x=-5$일 때, $y=-2$이다.

―――――――――

┌ 핵심 체크 ┐

y가 x에 반비례하면 xy의 값이 일정하다.

18 반비례 관계의 그래프 그리기

정답과 해설 | **38**쪽

반비례 관계 $y=\dfrac{6}{x}$에서 x의 값 사이의 간격을 점점 좁게 하여 순서쌍 (x, y)를 좌표로 하는 점을 좌표평면 위에 나타내면 [그림 1], [그림 2]와 같이 점점 곡선에 가깝게 촘촘해진다. 따라서 x의 값이 0이 아닌 모든 수일 때, 반비례 관계 $y=\dfrac{6}{x}$의 그래프는 [그림 3]과 같이 두 좌표축에 점점 가까워지면서 한없이 뻗어 나가는 한 쌍의 매끄러운 곡선이 된다.

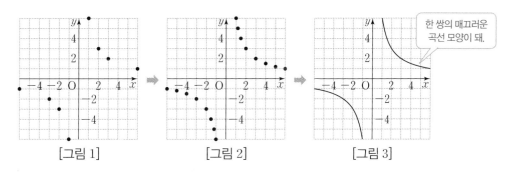

[그림 1]　　　　　[그림 2]　　　　　[그림 3]

○ 다음 반비례 관계식에 대하여 물음에 답하시오.

1-1 $y=\dfrac{4}{x}$

(1) 아래 표를 완성하시오.

x	-4	-2	-1	1	2	4
y						

(2) (1)의 표에서 순서쌍 (x, y)를 좌표로 하는 점을 아래 좌표평면 위에 나타내시오.

(3) (2)에서 나타낸 점들을 매끄러운 곡선으로 이어 반비례 관계 $y=\dfrac{4}{x}$의 그래프를 그리시오.

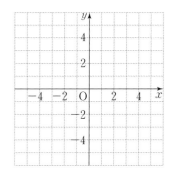

1-2 $y=-\dfrac{4}{x}$

(1) 아래 표를 완성하시오.

x	-4	-2	-1	1	2	4
y						

(2) (1)의 표에서 순서쌍 (x, y)를 좌표로 하는 점을 아래 좌표평면 위에 나타내시오.

(3) (2)에서 나타낸 점들을 매끄러운 곡선으로 이어 반비례 관계 $y=-\dfrac{4}{x}$의 그래프를 그리시오.

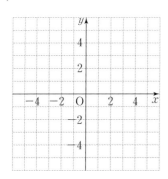

핵심 체크

반비례 관계 $y=\dfrac{a}{x}(a\neq0)$의 그래프는 한 쌍의 매끄러운 곡선이다.

18 반비례 관계의 그래프 그리기

○ 다음 반비례 관계식에 대하여 표를 완성하고, 이를 이용하여 좌표평면 위에 그래프를 그리시오.

2-1 $y = \dfrac{8}{x}$

(1) 표 채우기

x	-8	-4	-2	-1	1	2	4	8
y								

(2) 표를 이용하여 그래프 그리기

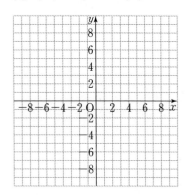

2-2 $y = -\dfrac{8}{x}$

(1) 표 채우기

x	-8	-4	-2	-1	1	2	4	8
y								

(2) 표를 이용하여 그래프 그리기

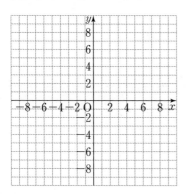

3-1 $y = \dfrac{10}{x}$

(1) 표 채우기

x	-10	-5	-2	-1	1	2	5	10
y								

(2) 표를 이용하여 그래프 그리기

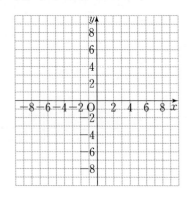

3-2 $y = -\dfrac{10}{x}$

(1) 표 채우기

x	-10	-5	-2	-1	1	2	5	10
y								

(2) 표를 이용하여 그래프 그리기

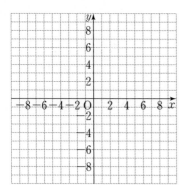

핵심 체크

반비례 관계의 그래프를 그릴 때 주의할 점
① 각 사분면에서 그래프가 지나는 점들을 매끄러운 곡선으로 잇는다. ② 좌표축에 닿지 않도록 그린다.

19 반비례 관계의 그래프의 성질

정답과 해설 | 38쪽

반비례 관계 $y=\dfrac{a}{x}\,(a\neq0)$의 그래프는 한 쌍의 매끄러운 곡선이다.

$a>0$일 때

❶ 제1사분면과 제3사분면을 지 난다.

❷ 각 사분면에서 x의 값이 증가 하면 y의 값은 감소한다.

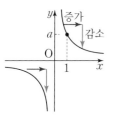

$a<0$일 때

❶ 제2사분면과 제4사분면을 지 난다.

❷ 각 사분면에서 x의 값이 증가 하면 y의 값도 증가한다.

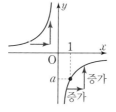

참고) 반비례 관계 $y=\dfrac{a}{x}\,(a\neq0)$의 그래프는 a의 절댓값이 작을수록 원점에 가깝고, 항상 점 $(1,\,a)$를 지난다.

◉ 다음 반비례 관계의 그래프를 그리고, 물음에 답하시오.

1-1 ㉠ $y=\dfrac{5}{x}$ ㉡ $y=\dfrac{10}{x}$ ㉢ $y=\dfrac{15}{x}$

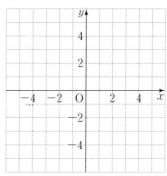

(1) 제1사분면과 제3사분면을 지나는 그래프 를 모두 구하시오.

_____

(2) 각 사분면에서 x의 값이 증가할 때, y의 값 은 감소하는 그래프를 모두 구하시오.

_____

(3) 원점에 가장 가까운 그래프를 구하시오.

_____

1-2 ㉠ $y=-\dfrac{6}{x}$ ㉡ $y=-\dfrac{4}{x}$ ㉢ $y=-\dfrac{2}{x}$

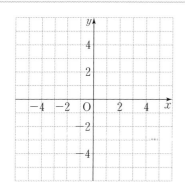

(1) 제2사분면과 제4사분면을 지나는 그래프 를 모두 구하시오.

_____

(2) 각 사분면에서 x의 값이 증가할 때, y의 값 도 증가하는 그래프를 모두 구하시오.

_____

(3) 원점에 가장 가까운 그래프를 구하시오.

_____

핵심 체크

반비례 관계 $y=\dfrac{a}{x}\,(a\neq0)$에서 x의 값은 0이 될 수 없으므로 그래프의 증가 또는 감소를 말할 때 $x>0$인 경우와 $x<0$인 경우로 나 누어 생각한다.

19 반비례 관계의 그래프의 성질

○ 다음 반비례 관계의 그래프는 제몇 사분면을 지나는지 구하시오. 또 그래프가 각 사분면에서 x의 값이 증가할 때 y의 값도 증가하는 것에는 '증가'를, x의 값이 증가할 때 y의 값은 감소하는 것에는 '감소'를 (   ) 안에 써넣으시오.

2-1 $y=\dfrac{1}{x}$

연구 $y=\dfrac{1}{x}$에서 ①>0이므로 그래프는 제◻ 사분면,
제◻ 사분면을 지나고, 각 사분면에서 x의 값이 증가
할 때 y의 값은 ◻ 한다.

2-2 $y=\dfrac{4}{x}$

➡ 제◻사분면, 제◻사분면, (   )

3-1 $y=-\dfrac{3}{x}$

➡ 제◻사분면, 제◻사분면, (   )

3-2 $y=-\dfrac{7}{x}$

➡ 제◻사분면, 제◻사분면, (   )

4-1 $y=\dfrac{10}{x}$

➡ 제◻사분면, 제◻사분면, (   )

4-2 $y=-\dfrac{8}{x}$

➡ 제◻사분면, 제◻사분면, (   )

5-1 $y=-\dfrac{1}{x}$

➡ 제◻사분면, 제◻사분면, (   )

5-2 $y=\dfrac{8}{x}$

➡ 제◻사분면, 제◻사분면, (   )

6-1 $y=\dfrac{3}{x}$

➡ 제◻사분면, 제◻사분면, (   )

6-2 $y=-\dfrac{5}{x}$

➡ 제◻사분면, 제◻사분면, (   )

7-1 $y=-\dfrac{12}{x}$

➡ 제◻사분면, 제◻사분면, (   )

7-2 $y=\dfrac{9}{x}$

➡ 제◻사분면, 제◻사분면, (   )

핵심 체크

반비례 관계 $y=\dfrac{a}{x}(a\neq0)$의 그래프에서

① $a>0$이면 제1사분면과 제3사분면을 지나고, 각 사분면에서 x의 값이 증가하면 y의 값은 감소한다.

② $a<0$이면 제2사분면과 제4사분면을 지나고, 각 사분면에서 x의 값이 증가하면 y의 값도 증가한다.

○ 다음 반비례 관계의 그래프에 대한 설명으로 옳은 것에는 ○표, 옳지 않은 것에는 ×표를 하시오.

8-1 $y = \dfrac{18}{x}$

(1) 점 $(1, 18)$을 지난다. ( )

(2) 원점을 지나는 한 쌍의 매끄러운 곡선이다.

( )

(3) 제1사분면과 제3사분면을 지난다.

( )

(4) $x < 0$일 때, x의 값이 증가하면 y의 값도 증가한다. ( )

8-2 $y = \dfrac{9}{x}$

(1) 점 $(1, 9)$를 지난다. ( )

(2) 원점을 지난다. ( )

(3) 제2사분면과 제4사분면을 지난다.

( )

(4) $x > 0$일 때, x의 값이 증가하면 y의 값은 감소한다. ( )

9-1 $y = -\dfrac{10}{x}$

(1) 점 $(-5, 2)$를 지난다. ( )

(2) 제2사분면과 제4사분면을 지난다.

( )

(3) 원점을 지난다. ( )

(4) $x < 0$일 때, x의 값이 증가하면 y의 값도 증가한다. ( )

9-2 $y = -\dfrac{20}{x}$

(1) 원점을 지나지 않는 한 쌍의 매끄러운 곡선이다. ( )

(2) 점 $(20, -1)$을 지난다. ( )

(3) $x > 0$일 때, x의 값이 증가하면 y의 값은 감소한다. ( )

(4) 제1사분면과 제3사분면을 지난다.

( )

핵심 체크

반비례 관계 $y = \dfrac{a}{x}$ $(a \neq 0)$의 그래프가 점 $(\bullet, \blacksquare)$를 지난다.

➡ $y = \dfrac{a}{x}$에 $x = \bullet$, $y = \blacksquare$를 대입하면 (좌변) = (우변)이다.

기본연산 집중연습 | 17~19

○ 다음 반비례 관계식에 대하여 표를 완성하고, 이를 이용하여 좌표평면 위에 그래프를 그리시오.

1-1 $y = -\dfrac{6}{x}$

(1) 표 채우기

x	-6	-3	-2	-1	1	2	3	6
y								

(2) 표를 이용하여 그래프 그리기

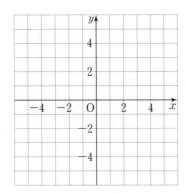

1-2 $y = \dfrac{12}{x}$

(1) 표 채우기

x	-6	-4	-3	-2	2	3	4	6
y								

(2) 표를 이용하여 그래프 그리기

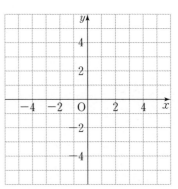

○ 다음 반비례 관계의 그래프에 대한 설명으로 옳은 것에는 ○표, 옳지 않은 것에는 ×표를 하시오.

2-1 $y = \dfrac{16}{x}$

(1) 점 $(4, 4)$를 지난다. (   )

(2) 제2사분면과 제4사분면을 지난다. (   )

(3) 각 사분면에서 x의 값이 증가하면 y의 값은 감소한다. (   )

(4) 원점을 지나는 한 쌍의 곡선이다. (   )

2-2 $y = -\dfrac{8}{x}$

(1) 점 $(2, 4)$를 지난다. (   )

(2) 제2사분면과 제4사분면을 지난다. (   )

(3) 각 사분면에서 x의 값이 증가하면 y의 값은 감소한다. (   )

(4) 원점을 지나지 않는 한 쌍의 곡선이다. (   )

핵심 체크

❶ 반비례 관계 $y = \dfrac{a}{x} (a \neq 0)$의 그래프는 한 쌍의 매끄러운 곡선이다.

3. 다음과 같은 규칙에 따라 아래의 미로를 통과하면 출구에 있는 선물을 받을 수 있다고 한다. 선아가 규칙에 따라 미로를 통과했을 때, 받을 선물은 무엇인지 말하시오.

> **규칙**
>
> x와 y 사이의 관계식이 $y=ax$의 꼴이면 ⬇로 이동하고, $y=\dfrac{a}{x}$의 꼴이면 ➡로 이동한다.

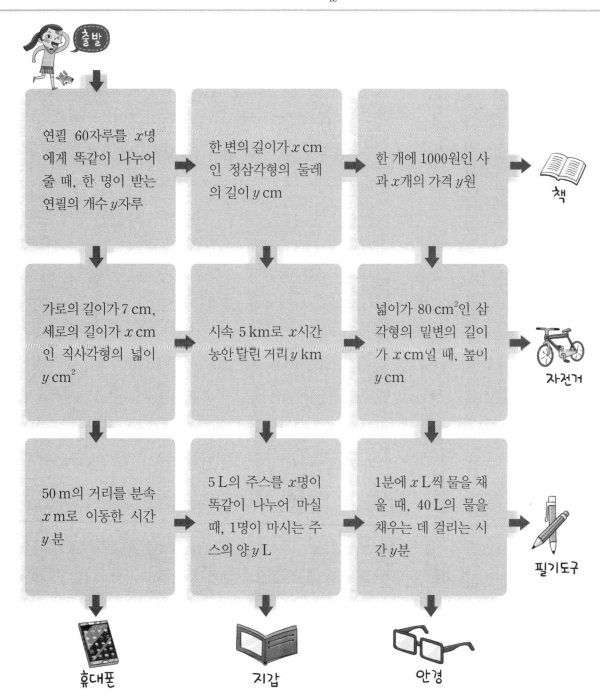

출발

연필 60자루를 x명에게 똑같이 나누어 줄 때, 한 명이 받는 연필의 개수 y자루

한 변의 길이가 x cm인 정삼각형의 둘레의 길이 y cm

한 개에 1000원인 사과 x개의 가격 y원

책

가로의 길이가 7 cm, 세로의 길이가 x cm인 직사각형의 넓이 y cm^2

시속 5 km로 x시간 동안 달린 거리 y km

넓이가 80 cm^{2}인 삼각형의 밑변의 길이가 x cm일 때, 높이 y cm

자전거

50 m의 거리를 분속 x m로 이동한 시간 y분

5 L의 주스를 x명이 똑같이 나누어 마실 때, 1명이 마시는 주스의 양 y L

1분에 x L씩 물을 채울 때, 40 L의 물을 채우는 데 걸리는 시간 y분

필기도구

휴대폰

지갑

안경

> **핵심 체크**
>
> ❷ y가 x에 정비례하면 관계식은 $y=ax\,(a\neq 0)$의 꼴이다.
>
> ❸ y가 x에 반비례하면 관계식은 $y=\dfrac{a}{x}\,(a\neq 0)$의 꼴이다.

3

좌표평면과 그래프

20 반비례 관계의 그래프 위의 점

정답과 해설 | **39**쪽

점 $(a, 3)$은 반비례 관계 $y=\dfrac{6}{x}$의 그래프 위의 점이다.

➡ 반비례 관계 $y=\dfrac{6}{x}$의 그래프가 점 $(a, 3)$을 지난다.

➡ $y=\dfrac{6}{x}$에 $x=a$, $y=3$을 대입하면 등식이 성립하므로

$3=\dfrac{6}{a}$ ∴ $a=2$

○ 다음을 구하시오.

1-1 반비례 관계 $y=\dfrac{10}{x}$의 그래프가 점 $(5, a)$를 지날 때, a의 값

_____

1-2 점 $(1, a)$가 반비례 관계 $y=-\dfrac{10}{x}$의 그래프 위의 점일 때, a의 값

_____

2-1 점 $(-4, a)$가 반비례 관계 $y=-\dfrac{6}{x}$의 그래프 위의 점일 때, a의 값

_____

2-2 반비례 관계 $y=\dfrac{8}{x}$의 그래프가 점 $(-2, a)$를 지날 때, a의 값

_____

3-1 점 $(a, 1)$이 반비례 관계 $y=-\dfrac{2}{x}$의 그래프 위의 점일 때, a의 값

_____

3-2 반비례 관계 $y=\dfrac{4}{x}$의 그래프가 점 $(a, -2)$를 지날 때, a의 값

_____

4-1 반비례 관계 $y=-\dfrac{15}{x}$의 그래프가 점 $(a, 5)$를 지날 때, a의 값

_____

4-2 점 $(a, 3)$이 반비례 관계 $y=\dfrac{9}{x}$의 그래프 위의 점일 때, a의 값

_____

핵심 체크

점 (p, q)는 반비례 관계 $y=\dfrac{a}{x}(a\neq0)$의 그래프 위의 점이다. ➡ 반비례 관계 $y=\dfrac{a}{x}$의 그래프가 점 (p, q)를 지난다.

➡ $y=\dfrac{a}{x}$에 $x=p$, $y=q$를 대입하면 등식이 성립한다.

21 반비례 관계의 그래프의 식 구하기 (1)

정답과 해설 | **40**쪽

반비례 관계 $y=\dfrac{a}{x}$의 그래프가 지나는 점 (p, q)의 좌표가 주어질 때,

$y=\dfrac{a}{x}$에 $x=p$, $y=q$를 대입하여 상수 a의 값을 구한다.

ⓔ 반비례 관계 $y=\dfrac{a}{x}$의 그래프가 점 $(6, 1)$을 지난다.

　➡ $y=\dfrac{a}{x}$에 $x=6$, $y=1$을 대입하면

　　 $1=\dfrac{a}{6}$　∴ $a=6$

점 (■ , ▲)를 지난다.

↓

$▲=\dfrac{a}{■}$

○ 반비례 관계 $y=\dfrac{a}{x}$의 그래프가 다음 점을 지날 때, 상수 a의 값을 구하시오.

1-1 $(3, 4)$

　➡ $y=\dfrac{a}{x}$에 $x=3$, $y=4$를 대입하면

　　 $4=\dfrac{a}{3}$　∴ $a=\boxed{}$

1-2 $(5, 3)$

_____

2-1 $(-4, 4)$

_____

2-2 $(4, -6)$

_____

3-1 $(-2, 7)$

_____

3-2 $(-8, 3)$

_____

4-1 $(-5, 4)$

_____

4-2 $(6, -2)$

_____

5-1 $(-6, -5)$

_____

5-2 $(-1, -5)$

_____

핵심 체크

반비례 관계 $y=\dfrac{a}{x}$ $(a\neq0)$에서 $xy=a$이므로 그래프가 지나는 점을 이용하여 상수 a의 값을 구할 때,

(x좌표)$\times$(y좌표)의 값을 구하여도 된다.

22 반비례 관계의 그래프의 식 구하기(2)

반비례 관계의 그래프가 주어질 때, 그래프의 식 구하기

❶ 그래프가 한 쌍의 매끄러운 곡선이므로 그래프의 식을 $y=\dfrac{a}{x}(a\neq0)$로 놓는다.

❷ 그래프가 지나는 한 점의 좌표를 $y=\dfrac{a}{x}$에 대입하여 a의 값을 구한다.

❸ $y=\dfrac{a}{x}$에 ❷에서 구한 a의 값을 대입하여 그래프의 식을 구한다.

예

① 그래프가 한 쌍의 매끄러운 곡선이므로 그래프의 식을 $y=\dfrac{a}{x}(a\neq0)$로 놓는다.

② 그래프가 점 $(6, 1)$을 지나므로 $y=\dfrac{a}{x}$에 $x=6$, $y=1$을 대입한다.

➡ $1=\dfrac{a}{6}$ ∴ $a=6$

③ 따라서 그래프의 식은 $y=\dfrac{6}{x}$

◯ 반비례 관계 $y=\dfrac{a}{x}$의 그래프가 다음과 같을 때, 상수 a의 값을 구하시오.

1-1

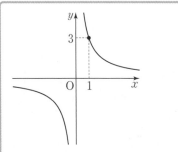

➡ 그래프가 점 $(1, \boxed{})$을 지나므로

$y=\dfrac{a}{x}$에 $x=1$, $y=\boxed{}$을 대입하면

$a=\boxed{}$

1-2

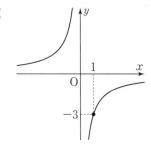

2-1

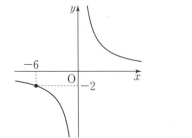

2-2

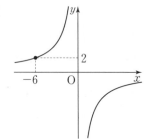

핵심 체크

주어진 그래프에서 그래프가 지나는 점의 좌표 (p, q)를 찾는다. ➡ $y=\dfrac{a}{x}$에 $x=p$, $y=q$를 대입하여 a의 값을 구한다.

○ 다음 좌표평면 위에 주어진 그래프의 식을 구하시오.

3-1

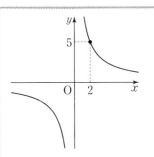

① 그래프가 한 쌍의 매끄러운 곡선이므로

그래프의 식을 $y=\dfrac{a}{x}\,(a\neq 0)$로 놓는다.

② 그래프가 점 $(2, 5)$를 지나므로

$y=\dfrac{a}{x}$에 $x=\boxed{}$, $y=\boxed{}$를 대입하면

$a=\boxed{}$

③ 따라서 그래프의 식은 $\boxed{}$

3-2

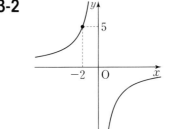

_____

4-1

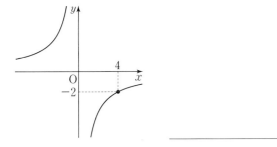

_____

4-2

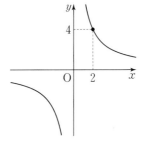

_____

5-1

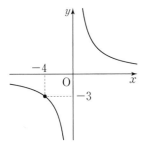

_____

5-2

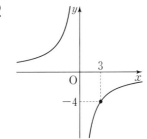

_____

핵심 체크

한 쌍의 매끄러운 곡선 ➡ 반비례 관계의 그래프 ➡ 그래프의 식은 $y=\dfrac{a}{x}\,(a\neq 0)$의 꼴

반비례 관계 $y=\dfrac{a}{x}$의 그래프가 두 점 $(2,1)$, $(-4,b)$를 지난다.

❶ 그래프의 식 구하기
➡ 그래프가 점 $(2,1)$을 지나므로

$y=\dfrac{a}{x}$에 $x=2$, $y=1$을 대입하면

$1=\dfrac{a}{2}$ ∴ $a=2$, 즉 $y=\dfrac{2}{x}$

❷ b의 값 구하기
➡ 그래프가 점 $(-4,b)$를 지나므로

$y=\dfrac{2}{x}$에 $x=-4$, $y=b$를 대입하면

$b=\dfrac{2}{-4}=-\dfrac{1}{2}$

○ 반비례 관계 $y=\dfrac{a}{x}$의 그래프가 다음 두 점을 지날 때, a, b의 값을 각각 구하시오. (단, a는 상수)

1-1 $(2,3)$, $(b,-3)$

➡ $y=\dfrac{a}{x}$에 $x=2$, $y=3$을 대입하면

$3=\dfrac{a}{2}$ ∴ $a=\boxed{}$, 즉 $y=\dfrac{\boxed{}}{x}$

$y=\dfrac{\boxed{}}{x}$에 $x=b$, $y=-3$을 대입하면

$-3=\dfrac{\boxed{}}{b}$ ∴ $b=\boxed{}$

1-2 $(-4,-1)$, $(b,-2)$

$a=\underline{}$, $b=\underline{}$

2-1 $(5,-2)$, $(b,10)$

$a=\underline{}$, $b=\underline{}$

2-2 $(12,2)$, $(b,8)$

$a=\underline{}$, $b=\underline{}$

3-1 $(-12,1)$, $(4,b)$

$a=\underline{}$, $b=\underline{}$

3-2 $(-9,-2)$, $(6,b)$

$a=\underline{}$, $b=\underline{}$

4-1 $\left(2,\dfrac{15}{2}\right)$, $(3,b)$

$a=\underline{}$, $b=\underline{}$

4-2 $\left(-4,\dfrac{7}{2}\right)$, $(7,b)$

$a=\underline{}$, $b=\underline{}$

핵심 체크

반비례 관계 $y=\dfrac{a}{x}$ $(a\neq0)$의 그래프가 점 (p,q)를 지난다.

➡ $y=\dfrac{a}{x}$에 $x=p$, $y=q$를 대입하면 등식이 성립함을 이용하여 a의 값을 구한다.

○ 다음 좌표평면 위에 주어진 그래프를 보고, 그래프의 식과 b의 값을 각각 구하시오.

5-1

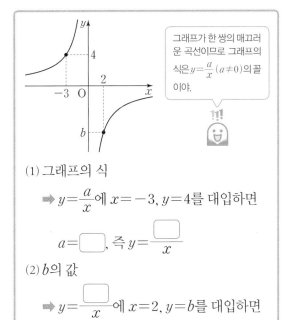

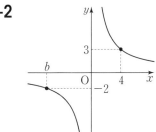
그래프가 한 쌍의 매끄러운 곡선이므로 그래프의 식은 $y=\dfrac{a}{x}\,(a\ne0)$의 꼴이야.

(1) 그래프의 식

　➡ $y=\dfrac{a}{x}$에 $x=-3$, $y=4$를 대입하면

　　$a=\boxed{}$, 즉 $y=\dfrac{\boxed{}}{x}$

(2) b의 값

　➡ $y=\dfrac{\boxed{}}{x}$에 $x=2$, $y=b$를 대입하면

　　$b=\boxed{}$

5-2

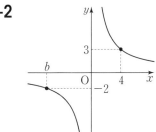

(1) 그래프의 식

　_____

(2) b의 값

　_____

6-1

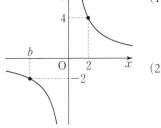

(1) 그래프의 식

　_____

(2) b의 값

　_____

6-2

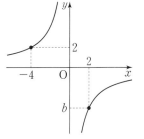

(1) 그래프의 식

　_____

(2) b의 값

　_____

7-1

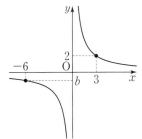

(1) 그래프의 식

　_____

(2) b의 값

　_____

7-2

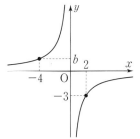

(1) 그래프의 식

　_____

(2) b의 값

　_____

3 좌표평면과 그래프

> **핵심 체크**
>
> 반비례 그래프가 지나는 두 점의 좌표가 주어질 때 미지수의 값 구하는 순서
>
> ① 미지수가 없는 점의 좌표를 이용하여 그래프의 식을 구한다. ➡ ② ①에서 구한 그래프의 식에 미지수가 있는 점의 좌표를 대입하여 미지수의 값을 구한다.

기본연산 집중연습 | 20~23

○ 반비례 관계 $y=\dfrac{a}{x}$의 그래프가 다음 점을 지날 때, 상수 a의 값을 구하시오.

1-1 $(2, 5)$

1-2 $(8, -1)$

1-3 $\left(3, -\dfrac{2}{3}\right)$

1-4 $(-2, 1)$

1-5 $(3, -1)$

1-6 $(\ 2, -4)$

○ 다음 좌표평면 위에 주어진 그래프의 식을 구하시오.

2-1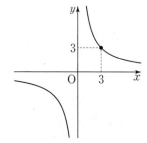

2-2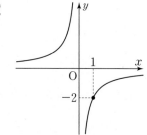

2-3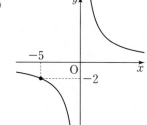

2-4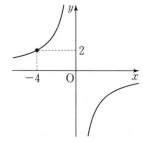

2-5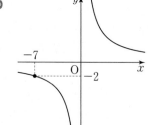

2-6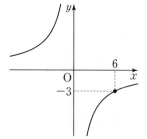

핵심 체크

❶ 그래프의 식 구하는 순서

(i) 그래프가 한 쌍의 매끄러운 곡선이면 그래프의 식을 $y=\dfrac{a}{x}\,(a\neq0)$의 꼴로 놓는다.

(ii) 그래프가 지나는 점의 좌표를 이용하여 상수 a의 값을 구한다.

○ 다음 좌표평면 위에 주어진 그래프를 보고, 그래프의 식과 b의 값을 각각 구하시오.

3-1

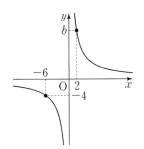

➡ 그래프의 식 : _____

b의 값 : _____

3-2

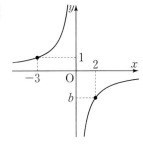

➡ 그래프의 식 : _____

b의 값 : _____

3-3

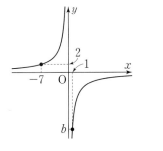

➡ 그래프의 식 : _____

b의 값 : _____

3-4

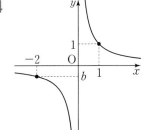

➡ 그래프의 식 : _____

b의 값 : _____

3-5

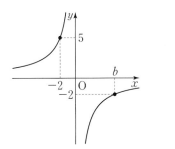

➡ 그래프의 식 : _____

b의 값 : _____

3-6

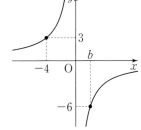

➡ 그래프의 식 : _____

b의 값 : _____

핵심 체크

❷ 그래프가 지나는 두 점의 좌표가 주어질 때에는 미지수가 없는 점의 좌표를 이용하여 먼저 그래프의 식을 구한다.

기본연산 테스트

1 다음 수직선 위의 점 A, B, C, D, E의 좌표를 기호를 사용하여 나타내시오.

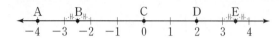

2 다음과 같이 주어진 점을 아래 좌표평면 위에 나타내시오.

A(1, 4)	B(4, 1)	C(−3, −3)
D(3, −2)	E(−4, 0)	F(0, −5)

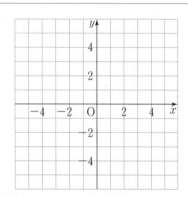

3 다음 주어진 점의 좌표를 기호를 사용하여 나타내시오.

(1) x좌표가 2이고, y좌표가 9인 점 A

(2) x축 위에 있고, x좌표가 5인 점 B

(3) y축 위에 있고, y좌표가 −3인 점 C

4 다음과 같이 주어진 점을 아래 좌표평면 위에 나타내고, 그 점이 속하는 사분면을 각각 말하시오.

A(3, 4)	B(3, 0)	C(0, −2)
D(1, −4)	E(−1, −3)	F(−3, 3)

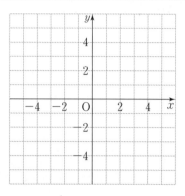

5 다음 점은 각각 제몇 사분면 위의 점인지 말하시오.

(1) A(−5, 4)

(2) B(3, 3)

(3) C(−1, −4)

(4) D(0, −2)

(5) E(3, −1)

(6) F(0, 0)

핵심 체크

❶ 좌표평면 위의 점의 좌표

(i) 점 P의 좌표 : P(x좌표, y좌표)

(ii) x축 위의 점의 좌표 : (x좌표, 0)

(iii) y축 위의 점의 좌표 : (0, y좌표)

(iv) 원점의 좌표 : (0, 0)

❷ 사분면 ⇒

제2사분면 (−, +)	제1사분면 (+, +)
제3사분면 (−, −)	제4사분면 (+, −)

6 다음은 서로 다른 원기둥 모양의 물통 3개와 이 3개의 물통에 시간당 일정한 양의 물을 넣을 때, 시간 x와 물의 높이 y 사이의 관계를 나타낸 그래프이다. 물통과 그래프를 바르게 연결하시오.

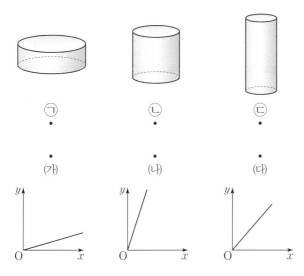

7 아래 그림은 무인기 드론이 움직인 시간 x초와 높이 y m 사이의 관계를 나타낸 그래프이다. 다음 물음에 답하시오.

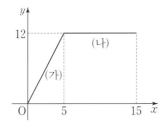

(1) $x=5$일 때, y의 값을 구하시오.

(2) (가)에서 y의 값의 변화를 설명하시오.

(3) (나)에서 y의 값의 변화를 설명하시오.

8 y가 x에 정비례할 때, 다음 표를 완성하시오.

(1)

x	1	2	3	4	5
y	3		9		15

(2)

x	1	2	3	4	5
y	-2			-8	

(3)

x	1	2	3	4	5
y	5	10			

9 다음 문장을 읽고 x와 y 사이의 관계식을 구하시오.

(1) 한 권에 700원 하는 공책을 x권 살 때, 지불하는 금액 y원

(2) 한 변의 길이가 x cm인 정오각형의 둘레의 길이 y cm

(3) 매분 60 m의 속력으로 걷는 사람이 x분 동안 걸어간 거리 y m

(4) 1 L의 휘발유로 15 km를 달릴 수 있는 자동차가 x L의 휘발유로 갈 수 있는 거리 y km

핵심 체크

❸ 그래프 : 두 변수 사이의 관계를 좌표평면 위에 점, 직선, 곡선 등으로 나타낸 그림

❹ 정비례 : 두 변수 x와 y 사이에 x의 값이 2배, 3배, 4배, …가 될 때, y의 값도 2배, 3배, 4배, …가 되는 관계

❺ 정비례 관계식 : $y=ax$(단, $a≠0$인 상수)

10 다음 정비례 관계의 그래프를 좌표평면 위에 나타내시오.

(1) $y = 2x$

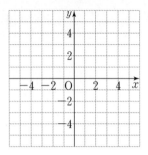

(2) $y = -4x$

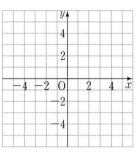

11 다음 중 정비례 관계 $y = \dfrac{2}{5}x$의 그래프에 대한 설명으로 옳은 것에는 ○표, 옳지 않은 것에는 ×표를 하시오.

(1) 점 $(5, 2)$를 지난다. (   )

(2) 원점을 지나지 않는 직선이다. (   )

(3) 제2사분면과 제4사분면을 지난다. (   )

(4) x의 값이 증가하면 y의 값도 증가한다.
(   )

12 다음 그래프의 식을 구하시오.

(1) 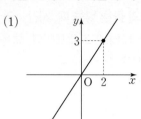 (2)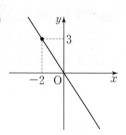

(3) (4)
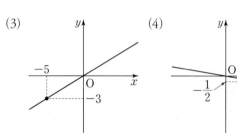

13 y가 x에 반비례할 때, 다음 표를 완성하시오.

(1)

x	1	2	3	4	6
y	24	12		6	

(2)

x	1	2	3	4	6
y	-36		-12		-6

(3)

x	1	2	4	5	10
y	20	10			

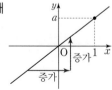
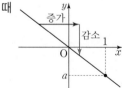

14 다음 문장을 읽고 x와 y 사이의 관계식을 구하시오.

(1) 5 km의 거리를 시속 x km로 달릴 때, 걸리는 시간 y시간

(2) 넓이가 30 cm²인 삼각형의 밑변의 길이 x cm 와 높이 y cm

(3) 400 g인 케이크를 x조각으로 똑같이 나눌 때, 한 조각의 무게 y g

15 다음 반비례 관계의 그래프를 좌표평면 위에 나타내시오.

(1) $y = \dfrac{6}{x}$

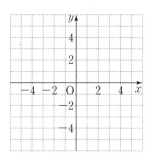

(2) $y = -\dfrac{3}{x}$

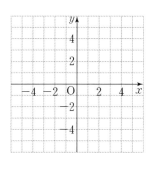

16 다음 중 반비례 관계 $y = -\dfrac{16}{x}$의 그래프에 대한 설명으로 옳은 것에는 ○표, 옳지 않은 것에는 ×표를 하시오.

(1) 점 $(4, \quad 4)$를 지난다. ( )

(2) 원점을 지난다. ( )

(3) $x > 0$일 때, x의 값이 증가하면 y의 값은 감소한다. ( )

(4) 제2사분면과 제4사분면을 지난다. ( )

17 다음 그래프의 식을 구하시오.

(1) 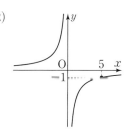 (2)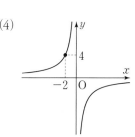

(3) 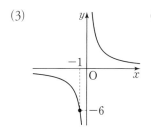 (4)

핵심 체크

❽ 반비례 관계식 : $y = \dfrac{a}{x}$ (단, $a \neq 0$인 상수)

❾ 반비례 관계 $y = \dfrac{a}{x}$ $(a \neq 0)$의 그래프 : 한 쌍의 매끄러운 곡선

(i) $a > 0$일 때

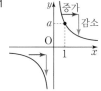

(ii) $a < 0$일 때

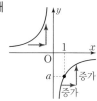

찐 천재님들의 거짓없는 솔직 후기

천재교육 도서의 사용 후기를 남겨주세요!

이벤트 혜택

매월

100명 추첨

상품권 5천원권

이벤트 참여 방법

STEP 1
온라인 서점 또는 블로그에 리뷰(서평) 작성하기!

STEP 2
왼쪽 QR코드 접속 후 작성한 리뷰의 URL을 남기면 끝!

※ 상기 내용은 변동될 수 있으며, 자세한 내용은 QR코드 페이지를 참고해주세요.

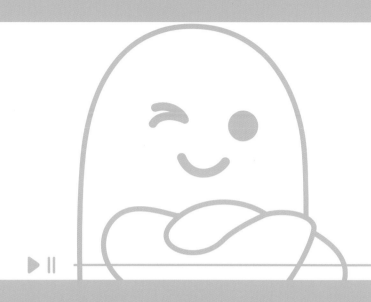

중학수학 **1B**

정답과 해설

중학 연산의 빅데이터

빅터 연산

천재교육

중학 연산의 빅데이터

빅터 연산

중학 연산의 **빅데이터**

빅터 연산

정답과 해설

1-B

1
문자와 식

STEP 1

01 곱셈 기호의 생략(1)   p. 6

1-1 $3a$	**1-2** $-b$	**1-3** $-5y$
2-1 $\frac{1}{2}a$	**2-2** $-\frac{2}{3}y$	**2-3** $0.01x$
3-1 abx	**3-2** xyz	**3-3** ac
4-1 a^3	**4-2** c^2	**4-3** x^2y^3
5-1 $-8(x+y)$	**5-2** $\frac{1}{4}(a-b)$	**5-3** $-3(x-2)$

02 곱셈 기호의 생략(2)   p. 7

1-1 $7xy$	**1-2** $2mn$
2-1 $-4a^2$	**2-2** $3x^2y^2$
3-1 $-0.1xy$	**3-2** $7ax^3$
4-1 $-x-6y$	**4-2** $8a+3b$
5-1 $15-7y^2$	**5-2** $6+x^3$
6-1 $2ab-c$	**6-2** $\frac{1}{3}(a-5)+b$

03 나눗셈 기호의 생략   p. 8

1-1 $2,\ -\frac{1}{2}y$	**1-2** $-\frac{6}{a}$	**1-3** $-4x$
2-1 $\frac{a+b}{7}$	**2-2** $\frac{1}{a-b}$	**2-3** $\frac{a}{x-y}$
3-1 $\frac{a}{bc}$	**3-2** $-\frac{1}{xy}$	**3-3** $\frac{a}{9(b+c)}$
4-1 $\frac{ab}{c}$	**4-2** abc	**4-3** $-\frac{6x}{y}$

3-2 $(-1)\div x \div y = (-1)\times \frac{1}{x}\times \frac{1}{y} = -\frac{1}{xy}$

3-3 $a\div 9 \div (b+c) = a\times \frac{1}{9}\times \frac{1}{b+c} = \frac{a}{9(b+c)}$

04 곱셈, 나눗셈 기호의 생략   p. 9 ~ p. 10

4-1 $a\div \frac{1}{b}\div c = a\times b\times \frac{1}{c} = \frac{ab}{c}$

4-2 $a\div \frac{1}{b}\div \frac{1}{c} = a\times b\times c = abc$

4-3 $x\div \left(-\frac{1}{6}\right)\div y = x\times (-6)\times \frac{1}{y} = -\frac{6x}{y}$

1-1 $\frac{4y}{x}$	**1-2** $\frac{ab}{5}$	**1-3** $-\frac{ab}{3}$
2-1 $-\frac{xy}{2}$	**2-2** $\frac{ac}{bd}$	**2-3** $\frac{5}{3}(x-2y)$
3-1 $\frac{ab}{c}$	**3-2** $\frac{x}{yz}$	**3-3** $\frac{ab}{c}$
4-1 $\frac{ac}{b}$	**4-2** $\frac{xy}{10}$	**4-3** xyz
5-1 $\frac{3a}{b^2}$	**5-2** $\frac{30y}{x}$	**5-3** $\frac{ab}{cd}$
6-1 $\frac{b}{5}$		**6-2** $100-\frac{a}{b}$
7-1 $\frac{x}{4}-y$		**7-2** $\frac{a}{b}+\frac{c}{8}$
8-1 $-\frac{y}{6}+4x$		**8-2** $\frac{a}{8}+9b$
9-1 $m^2-\frac{m}{10}$		**9-2** $x^2-\frac{y}{5}$
10-1 $-\frac{x}{2}-3y$		**10-2** $a^2-\frac{ab}{c}$
11-1 $-(a+b)+c^2$		**11-2** $5b^3+0.1a$
12-1 $\frac{10}{a}-8a^2$		**12-2** $-7x+\frac{a+b}{3}$
13-1 $6+\frac{a}{5b}$		**13-2** $-2(a-b)-\frac{a}{b}$

05 곱셈, 나눗셈 기호 살리기   p. 11

1-1 x	**1-2** $-2\times x$	**1-3** $-\frac{1}{3}\times x$
2-1 $3\times x\times y$	**2-2** $-2\times a\times b$	**2-3** $5\times x\times x$
3-1 $-3\times y\times y$	**3-2** $2\times a\times b\times b$	**3-3** $-4\times x\times x\times y$
4-1 $x\times y\div 7$	**4-2** $5\times b\div a$	**4-3** $3\times x\div y$
5-1 $(a-b)\div 5$	**5-2** $9+7\times a$	**5-3** $2\times x-3\times y$

기본연산 집중연습 | 01~05
p. 12 ~ p. 13

1-1 $0.3x$	**1-2** $-6a$	**1-3** $4ab$
1-4 $-2x^2$	**1-5** $6(x+2)$	**1-6** $8a(x+y)$
1-7 $10-8a^2$	**1-8** $-2x-5y$	**1-9** x^2-3xy
2-1 $2x$	**2-2** $-\dfrac{a}{7}$	**2-3** $\dfrac{3x-5}{4}$
2-4 $\dfrac{a}{x+y}$	**2-5** $\dfrac{a}{2b}$	**2-6** $-3ab$
3-1 $-ab$	**3-2** $\dfrac{3}{ab}$	**3-3** $\dfrac{xy}{8}$
3-4 $\dfrac{a^2b}{7}$	**3-5** $\dfrac{2x}{3y}$	**3-6** $\dfrac{a(x-y)}{5}$
3-7 $-\dfrac{3}{a}-4b$	**3-8** $\dfrac{a}{9}+\dfrac{4}{b}$	**3-9** $-6a-\dfrac{a+b}{3}$

4-1 $1 \div a = \dfrac{1}{a}$ **4-2** $a \div b = \dfrac{a}{b}$

4-3 $x \times y \div z = \dfrac{xy}{z}$ **4-4** $(x-y) \div 2 = \dfrac{x-y}{2}$

4-5 $-0.1 \times x = -0.1x$

---

06 문자를 사용한 식 (1) : 수
p. 14 ~ p. 15

1-1 $x, 200x$	**1-2** $5x$원
2-1 $700x$원	**2-2** $1200a$원
3-1 $x+3$	**3-2** $(a-5)$살
4-1 $(10-a)$살	**4-2** $(14+x)$살
5-1 $3y$	**5-2** $(10000-2500x)$원
6-1 $(6000-1200x)$원	**6-2** $(10000-5a)$원
7-1 a, a	**7-2** $\dfrac{x}{4}$원
8-1 $\dfrac{y}{12}$원	**8-2** $\dfrac{8000}{b}$원
9-1 $x, y, 500x+1000y$	**9-2** $(5x+y)$원
10-1 $(2000x+1500y)$원	**10-2** $(4a+3b)$원

---

07 문자를 사용한 식 (2) : 도형
p. 16

1-1 $3a$	**1-2** $4x$ cm
2-1 xy cm^2	**2-2** x^2 cm^2
3-1 $\dfrac{1}{2}ah$ cm^2	**3-2** $\dfrac{1}{2}h(3+b)$ cm^2
4-1 x^3 cm^3	**4-2** abc cm^3
5-1 ah cm^2	**5-2** $2\pi r$ cm

---

08 문자를 사용한 식 (3) : 수량 변화
p. 17

1-1 $60x$	**1-2** $60x$
2-1 $1000a, 0.1$	**2-2** $100b$
3-1 $x, 3x$	**3-2** $9x$원
4-1 $8a$ m	**4-2** $2b$ cm
5-1 x명	**5-2** $12y$원
6-1 $0.1x$원	**6-2** $0.15a$ kg

6-1 x원의 10% ➡ $x \times \dfrac{10}{100} = 0.1x$ (원)

6-2 a kg의 15% ➡ $a \times \dfrac{15}{100} = 0.15a$ (kg)

---

09 문자를 사용한 식 (4) : 거리, 속력, 시간
p. 18

1-1 $a, 80a$	**1-2** $3x$ km
2-1 $2x$ km	**2-2** $100x$ km
3-1 $\dfrac{10}{x}, \dfrac{10}{x}$	**3-2** 시속 $\dfrac{y}{5}$ km
4-1 $\dfrac{x}{60}$	**4-2** $\dfrac{y}{100}$시간

기본연산 집중연습 | 06~09
p. 19

1-1 $600x$원	**1-2** $\dfrac{y}{10}$ 원
1-3 $(3a+5b)$원	**1-4** $(20000-1500x)$원
1-5 $2(6+a)$ cm	**1-6** $6a^2$ cm^2
1-7 $0.4a$원	**1-8** $300x$원
1-9 $100t$ km	**1-10** $\dfrac{80}{x}$시간

10 식의 값 (1)　　　　　　　　　　p. 20

1-1 $3, -6$	**1-2** 7
2-1 1	**2-2** -1
3-1 2	**3-2** 0
4-1 $\dfrac{1}{2}, 8$	**4-2** -5
5-1 10	**5-2** -5
6-1 1	**6-2** $\dfrac{2}{3}$

3-1 $\dfrac{x+1}{2}=\dfrac{3+1}{2}=\dfrac{4}{2}=2$

3-2 $1-\dfrac{x}{3}=1-\dfrac{3}{3}=1-1=0$

4-2 $-4-2a=-4-2\times\dfrac{1}{2}=-4-1=-5$

5-1 $6a+7=6\times\dfrac{1}{2}+7=3+7=10$

5-2 $-4a-3=-4\times\dfrac{1}{2}-3=-2-3=-5$

6-1 $\dfrac{1}{2}a+\dfrac{3}{4}=\dfrac{1}{2}\times\dfrac{1}{2}+\dfrac{3}{4}=\dfrac{1}{4}+\dfrac{3}{4}=1$

6-2 $-\dfrac{1}{3}a+\dfrac{5}{6}=-\dfrac{1}{3}\times\dfrac{1}{2}+\dfrac{5}{6}=-\dfrac{1}{6}+\dfrac{5}{6}=\dfrac{4}{6}=\dfrac{2}{3}$

11 식의 값 (2)　　　　　　　　　　p. 21

1-1 $-2, 8$	**1-2** 6
2-1 1	**2-2** -17
3-1 7	**3-2** 13
4-1 $-\dfrac{1}{2}$	**4-2** 2
5-1 $-\dfrac{1}{2}, -2$	**5-2** $-\dfrac{7}{2}$
6-1 $\dfrac{11}{2}$	**6-2** 1

4-1 $\dfrac{x}{4}=\dfrac{-2}{4}=-\dfrac{1}{2}$

4-2 $1-\dfrac{x}{2}=1-\dfrac{-2}{2}=1-(-1)=1+(+1)=2$

5-2 $5a-1=5\times\left(-\dfrac{1}{2}\right)-1=-\dfrac{5}{2}-1=-\dfrac{7}{2}$

6-1 $-a+5=-\left(-\dfrac{1}{2}\right)+5=\dfrac{1}{2}+5=\dfrac{11}{2}$

6-2 $-8a-3=-8\times\left(-\dfrac{1}{2}\right)-3=4-3=1$

12 식의 값 (3) : 거듭제곱 꼴로 된 식에 대입하는 경우　p. 22

1-1 9	**1-2** -9	**1-3** -27
2-1 27	**2-2** 9	**2-3** -9
3-1 -3	**3-2** 17	**3-3** 26
4-1 $\dfrac{1}{4}$	**4-2** $-\dfrac{1}{4}$	**4-3** $\dfrac{1}{4}$
5-1 -2	**5-2** $-\dfrac{1}{8}$	**5-3** $-\dfrac{1}{8}$

1-2 $-a^2=-(-3)^2=-9$

1-3 $a^3=(-3)^3=-27$

2-1 $-a^3=-(-3)^3=-(-27)=27$

2-2 $(-a)^2=\{-(-3)\}^2=3^2=9$

2-3 $-(-a)^2=-\{-(-3)\}^2=-3^2=-9$

3-1 $-\dfrac{a^2}{3}=-\dfrac{(-3)^2}{3}=-\dfrac{9}{3}=-3$

3-2 $2a^2-1=2\times(-3)^2-1=2\times9-1=18-1=17$

3-3 $-1-a^3=-1-(-3)^3$
$\qquad=-1-(-27)=-1+27=26$

4-3 $(-x)^2=\left\{-\left(-\dfrac{1}{2}\right)\right\}^2=\left(\dfrac{1}{2}\right)^2=\dfrac{1}{4}$

5-2 $x^3=\left(-\dfrac{1}{2}\right)^3=-\dfrac{1}{8}$

5-3 $-(-x)^3=-\left\{-\left(-\dfrac{1}{2}\right)\right\}^3=-\left(\dfrac{1}{2}\right)^3=-\dfrac{1}{8}$

13 식의 값 (4) : 두 개 이상의 문자에 대입하는 경우　p. 23 ~ p. 24

1-1 $4, -3, 6$	**1-2** 19
2-1 29	**2-2** -7
3-1 3	**3-2** $-\dfrac{2}{3}$
4-1 12	**4-2** -8
5-1 4	**5-2** 19
6-1 21	**6-2** 2
7-1 -30	**7-2** -30
8-1 9	**8-2** -13
9-1 0	**9-2** $\dfrac{5}{2}$
10-1 3	**10-2** 9

3-1 $\dfrac{1}{2}x-\dfrac{1}{3}y=\dfrac{1}{2}\times 4-\dfrac{1}{3}\times(-3)=2+1=3$

3-2 $\dfrac{1}{4}x+\dfrac{5}{9}y=\dfrac{1}{4}\times 4+\dfrac{5}{9}\times(-3)=1-\dfrac{5}{3}=-\dfrac{2}{3}$

4-1 $-xy=(-1)\times 4\times(-3)=12$

4-2 $\dfrac{2}{3}xy=\dfrac{2}{3}\times 4\times(-3)=-8$

5-1 $x^2+4y=4^2+4\times(-3)=16-12=4$

5-2 $7x-y^2=7\times 4-(-3)^2=28-9=19$

6-1 $5x-3y=5\times 3-3\times(-2)=15+6=21$

6-2 $3x+2y=3\times(-4)+2\times 7=-12+14=2$

7-1 $2xy=2\times 5\times(-3)=-30$

7-2 $\dfrac{5}{4}xy=\dfrac{5}{4}\times 6\times(-4)=-30$

8-1 $-x+2y^2=-(-1)+2\times 2^2=1+8=9$

8-2 $-x^2-y=-(-4)^2-(-3)=-16+3=-13$

9-1 $2x+3y=2\times\dfrac{1}{2}+3\times\left(-\dfrac{1}{3}\right)=1+(-1)=0$

9-2 $\dfrac{1}{3}x+\dfrac{1}{4}y=\dfrac{1}{3}\times 9+\dfrac{1}{4}\times(-2)=3+\left(-\dfrac{1}{2}\right)=\dfrac{5}{2}$

10-1 $\dfrac{x-y}{2}=\dfrac{4-(-2)}{2}=\dfrac{6}{2}=3$

10-2 $x^2-2xy+y^2=(-1)^2-2\times(-1)\times 2+2^2$
$=1+4+4=9$

14 식의 값⑸ : 분수 꼴로 된 식에 대입하는 경우   p. 25

1-1	3, 2	**1-2**	-4
2-1	9	**2-2**	$\dfrac{5}{2}$
3-1	3, 3	**3-2**	-3
4-1	12	**4-2**	12

3-2 $\dfrac{1}{x}=1\div x=1\div\left(-\dfrac{1}{3}\right)=1\times(-3)=-3$

4-1 $\dfrac{3}{x}=3\div x=3\div\dfrac{1}{4}=3\times 4=12$

4-2 $-\dfrac{2}{x}=-2\div x=-2\div\left(-\dfrac{1}{6}\right)=-2\times(-6)=12$

기본연산 집중연습 | 10~14   p. 26 ~ p. 27

1-1	25	**1-2**	1
1-3	$-\dfrac{1}{2}$	**1-4**	-1
1-5	-1	**1-6**	8
1-7	$\dfrac{1}{9}$	**1-8**	$-\dfrac{3}{2}$
2-1	16	**2-2**	22
2-3	-14	**2-4**	-4
2-5	27	**2-6**	19
2-7	4	**2-8**	-1

3-1 1, 2, -5, 10, 온새미로

3-2 3, -3, -1, -2, 가온누리

3-1 ① $a=2,\ b=-1$일 때
$-a-3b=-2-3\times(-1)=-2+3=1$
② $a=1,\ b=-1$일 때
$-a-3b=-1-3\times(-1)=-1+3=2$
③ $a=-1,\ b=2$일 때
$-a-3b=-(-1)-3\times 2=1-6=-5$
④ $a=-4,\ b=-2$일 때
$-a-3b=-(-4)-3\times(-2)=4+6=10$
따라서 구하는 단어는 온새미로이다.

3-2 ① $a=-5,\ b=14$일 때
$-a^2+2b=-(-5)^2+2\times 14=-25+28=3$
② $a=1,\ b=-1$일 때
$-a^2+2b=-1^2+2\times(-1)=-1-2=-3$
③ $a=-3,\ b=4$일 때
$-a^2+2b=-(-3)^2+2\times 4=-9+8=-1$
④ $a=4,\ b=7$일 때
$-a^2+2b=-4^2+2\times 7=-16+14=-2$
따라서 구하는 단어는 가온누리이다.

15 다항식   p. 28

1-1 $-5y$, ① $2x$, $-5y$, 1 ② 1 ③ 2 ④ -5

1-2 ① $-3x$, $-y$, 4 ② 4 ③ -3 ④ -1

2-1 ① $\dfrac{1}{6}x$, -2 ② -2 ③ $\dfrac{1}{6}$

2-2 ① $\dfrac{y}{5}$, $-\dfrac{1}{2}$ ② $-\dfrac{1}{2}$ ③ $\dfrac{1}{5}$

3-1 ① $-x$, $8y$, -5 ② -5 ③ -1 ④ 8

3-2 ① x^2, $-4x$, 6 ② 6 ③ 1 ④ -4

16 일차식
p. 29 ~ p. 30

1-1	$2, 3$	**1-2**	$1, -1$
2-1	$1, -\dfrac{1}{2}$	**2-2**	$1, 1$
3-1	$3, 2$	**3-2**	$2, \dfrac{2}{3}$
4-1	2	**4-2**	1
5-1	1	**5-2**	3
6-1	$1, \bigcirc$	**6-2**	$\bigcirc$
7-1	$\bigcirc$	**7-2**	$\times$
8-1	$\times$	**8-2**	$\times$
9-1	$\times$	**9-2**	$\bigcirc$
10-1	$\bigcirc$	**10-2**	$\times$
11-1	$-x-1, \bigcirc$	**11-2**	$\bigcirc$
12-1	$\times$	**12-2**	$\times$

11-2 $2x^2-(x+2x^2)=2x^2-x-2x^2=-x$이므로
일차식이다.

12-1 $5x-5(x+2)=5x-5x-10=-10$이므로
일차식이 아니다.

12-2 $\dfrac{1}{x}+1$에서 분모에 문자가 있으므로 다항식이 아니다.
즉 다항식이 아니므로 일차식이 아니다.

STEP 2

기본연산 집중연습 | 15~16
p. 31

1-1	$\times, \times, \bigcirc, \times$	**1-2**	$\times, \bigcirc, \bigcirc, \bigcirc$
1-3	$\times, \times, \bigcirc, \times, \times$	**1-4**	$\bigcirc, \times, \bigcirc, \times, \bigcirc$

STEP 1

17 (단항식)×(수)
p. 32

1-1	$3, 12x$	**1-2**	$42y$	**1-3**	x
2-1	$-1, -4x$	**2-2**	$-14x$	**2-3**	$-9y$
3-1	$36a$	**3-2**	$18a$	**3-3**	$48a$
4-1	$-15x$	**4-2**	$-12x$	**4-3**	$-15x$

18 (단항식)÷(수)
p. 33

1-1	$\dfrac{3}{2}x$	**1-2**	$2x$	**1-3**	$-\dfrac{1}{3}x$
2-1	$-7a$	**2-2**	$\dfrac{3}{2}y$	**2-3**	$7a$
3-1	$-\dfrac{8}{3}, -32x$	**3-2**	$-24b$	**3-3**	$-6x$
4-1	$-\dfrac{8}{5}a$	**4-2**	$\dfrac{3}{2}x$	**4-3**	$-6b$

4-1 $\dfrac{2}{3}a \div \left(-\dfrac{5}{12}\right) = \dfrac{2}{3}a \times \left(-\dfrac{12}{5}\right) = -\dfrac{8}{5}a$

4-2 $\left(-\dfrac{3}{10}x\right) \div \left(-\dfrac{1}{5}\right) = \left(-\dfrac{3}{10}x\right) \times (-5) = \dfrac{3}{2}x$

4-3 $\left(-\dfrac{9}{2}b\right) \div \dfrac{3}{4} = \left(-\dfrac{9}{2}b\right) \times \dfrac{4}{3} = -6b$

19 (수)×(일차식), (일차식)×(수)
p. 34

1-1	$-4, 2x-8$	**1-2**	$-24x+4$
2-1	$6a+15$	**2-2**	$4a-6$
3-1	$-2, -4x+8$	**3-2**	$-x+4$
4-1	$-5x-3$	**4-2**	$-4x+2$
5-1	$-6x+15$	**5-2**	$20x-5$
6-1	$6b-2$	**6-2**	$-3b-4$

20 (일차식)÷(수)
p. 35

1-1	$4x-3$	**1-2**	$5+y$
2-1	$-4x-1$	**2-2**	$-5x+4$
3-1	$6, 6, -2, 18x-12$	**3-2**	$-8b+4$
4-1	$6x-4$	**4-2**	$-25x+55$
5-1	$-3y-15$	**5-2**	$-3a+15$

1-2 $(20+4y) \div 4 = \dfrac{20+4y}{4} = \dfrac{20}{4} + \dfrac{4y}{4} = 5+y$

2-1 $(8x+2) \div (-2) = \dfrac{8x+2}{-2} = \dfrac{8x}{-2} + \dfrac{2}{-2} = -4x-1$

2-2 $(30x-24) \div (-6) = \dfrac{30x-24}{-6} = \dfrac{30x}{-6} + \dfrac{-24}{-6}$
$\qquad\qquad = -5x+4$

3-2 $(-2b+1) \div \dfrac{1}{4} = (-2b+1) \times 4 = -8b+4$

4-1 $(9x-6) \div \dfrac{3}{2} = (9x-6) \times \dfrac{2}{3}$

$\qquad\qquad = 9x \times \dfrac{2}{3} - 6 \times \dfrac{2}{3}$

$\qquad\qquad = 6x-4$

4-2 $(-10x+22) \div \dfrac{2}{5} = (-10x+22) \times \dfrac{5}{2}$

$\qquad\qquad\qquad = -10x \times \dfrac{5}{2} + 22 \times \dfrac{5}{2}$

$\qquad\qquad\qquad = -25x+55$

5-1 $(y+5) \div \left(-\dfrac{1}{3}\right) = (y+5) \times (-3)$

$\qquad\qquad\qquad = y \times (-3) + 5 \times (-3)$

$\qquad\qquad\qquad = -3y-15$

5-2 $(8a-40) \div \left(-\dfrac{8}{3}\right) = (8a-40) \times \left(-\dfrac{3}{8}\right)$

$\qquad\qquad\qquad = 8a \times \left(-\dfrac{3}{8}\right) - 40 \times \left(-\dfrac{3}{8}\right)$

$\qquad\qquad\qquad = -3a+15$

STEP 2

기본연산 집중연습 | 17~20
p. 36 ~ p. 37

1 25000원

2 A$-$㉣, B$-$㉤, C$-$㉠, D$-$㉢, E$-$㉡

3-1 $18x$		**3-2**	$-10x$
3-3 $-21a$		**3-4**	$15b$
3-5 $-10x$		**3-6**	$6y$
3-7 $6x$		**3-8**	$9x$
3-9 $-25x$		**3-10**	$\dfrac{10}{3}x$
4-1 $2x-14$		**4-2**	$-12a-15$
4-3 $4x-6$		**4-4**	$\dfrac{1}{5}x - \dfrac{1}{6}$
4-5 $4a+5$		**4-6**	$-7a-2$
4-7 $10b-15$		**4-8**	$-4a-6$
4-9 $-9y+15$		**4-10**	$\dfrac{2}{3}x - \dfrac{2}{5}$

1

STEP 1

21 동류항
p. 38

1-1

	$3a$	$3b$
문자	a	b
차수	1	1

이 아니다

1-2

	x^2	$2x$
문자	x	x
차수	2	1

이 아니다

2-1

	a^2	b^2
문자	a	b
차수	2	2

이 아니다

2-2

	$0.1x$	$-\dfrac{x}{3}$
문자	x	x
차수	1	1

이다

3-1 (1) ㉢ (2) ㉠ (3) ㉡ (4) ㉣

3-2 (1) ㉡ (2) ㉣ (3) ㉠ (4) ㉢

22 동류항의 계산 (1)
p. 39

1-1 $5a$		**1-2** $11x$		**1-3**	$14a$
2-1 $5y$		**2-2** $5x$		**2-3**	$-y$
3-1 $2b$		**3-2** a		**3-3**	$-4a$
4-1 $-5x$		**4-2** $-10b$		**4-3**	$-13y$
5-1 $-\dfrac{1}{3}a$		**5-2** $\dfrac{1}{4}x$		**5-3**	$-\dfrac{5}{6}a$

23 동류항의 계산(2) : 항이 세 개 이상인 경우 p. 40 ~ p. 41

1-1 $1, 3, 7x$ **1-2** $4x$

2-1 $3a$ **2-2** $-5a$

3-1 0 **3-2** $-3y$

4-1 $-3x$ **4-2** $-10y$

5-1 $\dfrac{19}{6}a$ **5-2** $\dfrac{1}{4}b$

6-1 $2x-3$ **6-2** $5x+7$

7-1 $x+6$ **7-2** $9x-9$

8-1 $-3a-3$ **8-2** $-10x-11$

9-1 $-3x+2$ **9-2** -6

10-1 $\dfrac{5}{2}x+\dfrac{5}{2}$ **10-2** $x+5$

11-1 $-\dfrac{5}{2}x-1$ **11-2** $\dfrac{7}{6}x+\dfrac{5}{4}$

10-1
$$3-\frac{3}{2}x+4x-\frac{1}{2}=-\frac{3}{2}x+4x+3-\frac{1}{2}$$
$$=\frac{5}{2}x+\frac{5}{2}$$

10-2
$$\frac{5}{8}x+6+\frac{3}{8}x-1=\frac{5}{8}x+\frac{3}{8}x+6-1$$
$$=x+5$$

11-1
$$-\frac{7}{4}x+\frac{2}{5}-\frac{3}{4}x-\frac{7}{5}=-\frac{7}{4}x-\frac{3}{4}x+\frac{2}{5}-\frac{7}{5}$$
$$=-\frac{5}{2}x-1$$

11-2
$$\frac{4}{3}x-\frac{1}{4}-\frac{1}{6}x+\frac{3}{2}=\frac{4}{3}x-\frac{1}{6}x-\frac{1}{4}+\frac{3}{2}$$
$$=\frac{7}{6}x+\frac{5}{4}$$

24 일차식의 덧셈과 뺄셈(1) p. 42

1-1 $9x+5$ **1-2** $8a-2$

2-1 $-x$ **2-2** -6

3-1 $-2a+8$ **3-2** $4x+9$

4-1 $-4a+10$ **4-2** $-3x+4$

5-1 x **5-2** -4

6-1 $5a-4$ **6-2** $11a-8$

4-2
$$(x-2)-(4x-6)=x-2-4x+6$$
$$=x-4x-2+6$$
$$=-3x+4$$

5-1
$$(-x+7)-(-2x+7)=-x+7+2x-7$$
$$=-x+2x+7-7$$
$$=x$$

5-2
$$(-3y+4)-(-3y+8)=-3y+4+3y-8$$
$$=-3y+3y+4-8$$
$$=-4$$

6-1
$$(1+2a)-(5-3a)=1+2a-5+3a$$
$$=2a+3a+1-5$$
$$=5a-4$$

6-2
$$(5a-4)-(4-6a)=5a-4-4+6a$$
$$=5a+6a-4-4$$
$$=11a-8$$

25 일차식의 덧셈과 뺄셈(2) p. 43 ~ p. 44

1-1 $14x-15$ **1-2** $7x-4$

2-1 $21a+7$ **2-2** $21y-60$

3-1 $9x-2$ **3-2** $16x-3$

4-1 $-4x+9$ **4-2** $-14x+20$

5-1 $-8x+19$ **5-2** 2

6-1 -2 **6-2** $5a-14$

7-1 $-12x+36$ **7-2** $17a-26$

8-1 $-11x-20$ **8-2** $-12y-10$

9-1 $10a-15$ **9-2** $3a$

10-1 $-4x$ **10-2** $\dfrac{1}{3}x+1$

11-1 $\dfrac{11}{3}x-1$ **11-2** $\dfrac{4}{3}x-\dfrac{1}{3}$

1-2
$$2(x+3)+5(x-2)=2x+6+5x-10$$
$$=7x-4$$

2-1
$$4(3a-2)+3(3a+5)=12a-8+9a+15$$
$$=21a+7$$

2-2
$$6(y-5)+3(5y-10)=6y-30+15y-30$$
$$=21y-60$$

3-1
$$5(x-2)+2(2x+4)=5x-10+4x+8$$
$$=9x-2$$

3-2
$$6(x+2)+5(2x-3)=6x+12+10x-15$$
$$=16x-3$$

4-1 $2(x+3)-3(2x-1)=2x+6-6x+3$
$$=-4x+9$$

4-2 $2(3x+6)-4(5x-2)=6x+12-20x+8$
$$=-14x+20$$

5-1 $-(x-5)-7(x-2)=-x+5-7x+14$
$$=-8x+19$$

5-2 $-2(x-3)-(-2x+4)=-2x+6+2x-4$
$$=2$$

6-1 $5(4x-2)-4(5x-2)=20x-10-20x+8$
$$=-2$$

6-2 $2(a-1)-3(-a+4)=2a-2+3a-12$
$$=5a-14$$

7-1 $8(2x-1)-4(7x-11)=16x-8-28x+44$
$$=-12x+36$$

7-2 $7(a-3)-5(1-2a)=7a-21-5+10a$
$$=17a-26$$

8-1 $-5(x+2)-2(3x+5)=-5x-10-6x-10$
$$=-11x-20$$

8-2 $-2(3y-1)-3(2y+4)=-6y+2-6y-12$
$$=-12y-10$$

9-2 $\dfrac{1}{2}(4a+6)+\dfrac{1}{3}(3a-9)=2a+3+a-3$
$$=3a$$

10-1 $\dfrac{1}{4}(4x-8)-\dfrac{1}{3}(15x-6)=x-2-5x+2$
$$=-4x$$

10-2 $\dfrac{1}{6}(4x-6)-\dfrac{1}{9}(3x-18)=\dfrac{2}{3}x-1-\dfrac{1}{3}x+2$
$$=\dfrac{1}{3}x+1$$

11-1 $\dfrac{2}{3}(5x-2)+\dfrac{1}{3}(x+1)=\dfrac{10}{3}x-\dfrac{4}{3}+\dfrac{1}{3}x+\dfrac{1}{3}$
$$=\dfrac{11}{3}x-1$$

11-2 $\dfrac{5}{3}(x-1)-\dfrac{1}{6}(2x-8)=\dfrac{5}{3}x-\dfrac{5}{3}-\dfrac{1}{3}x+\dfrac{4}{3}$
$$=\dfrac{4}{3}x-\dfrac{1}{3}$$

26 일차식의 덧셈과 뺄셈(3) p. 45

1-1 $2, -2, 2, 2, 2, 5x+2$ **1-2** $5x-3$
2-1 $-13x+2$ **2-2** $14a-1$
3-1 $3x+8$ **3-2** $-6a+6$
4-1 $-4x-3$ **4-2** $5x-6$

1-2 $6x-\{7-(4-x)\}=6x-(7-4+x)$
$$=6x-(3+x)$$
$$=6x-3-x$$
$$=5x-3$$

2-1 $x-2\{4x-(1-3x)\}=x-2(4x-1+3x)$
$$=x-2(7x-1)$$
$$=x-14x+2$$
$$=-13x+2$$

2-2 $4a-\{3-2(5a+1)\}=4a-(3-10a-2)$
$$=4a-(-10a+1)$$
$$=4a+10a-1$$
$$=14a-1$$

3-1 $5-3\{2x-(1+3x)\}=5-3(2x-1-3x)$
$$=5-3(-x-1)$$
$$=5+3x+3$$
$$=3x+8$$

3-2 $-\dfrac{3}{5}\{3a+4-7(-a+2)\}=-\dfrac{3}{5}(3a+4+7a-14)$
$$=-\dfrac{3}{5}(10a-10)$$
$$=-6a+6$$

4-1 $-x-[4x-1-\{3x-2(x+2)\}]$
$$=-x-\{4x-1-(3x-2x-4)\}$$
$$=-x-\{4x-1-(x-4)\}$$
$$=-x-(4x-1-x+4)$$
$$=-x-(3x+3)$$
$$=-x-3x-3$$
$$=-4x-3$$

4-2 $4x-[5x+2\{x-(4x-3)\}]$
$$=4x-\{5x+2(x-4x+3)\}$$
$$=4x-\{5x+2(-3x+3)\}$$
$$=4x-(5x-6x+6)$$
$$=4x-(-x+6)$$
$$=4x+x-6$$
$$=5x-6$$

1-1 $2, 2, \dfrac{1}{2}$ **1-2** $\dfrac{5}{6}x - \dfrac{8}{3}$

2-1 $\dfrac{1}{2}x - \dfrac{1}{8}$ **2-2** $\dfrac{8a+14}{9}$

3-1 $\dfrac{17}{12}x + \dfrac{1}{2}$ **3-2** $\dfrac{32a+2}{15}$

4-1 $\dfrac{17x-5}{12}$ **4-2** $\dfrac{13a+5}{6}$

5-1 $2, -4, 3, -, \dfrac{3}{4}$ **5-2** $\dfrac{x+2}{9}$

6-1 $-\dfrac{1}{6}a + \dfrac{4}{3}$ **6-2** $\dfrac{-x+1}{8}$

7-1 $\dfrac{7}{6}x + \dfrac{1}{2}$ **7-2** $\dfrac{-2x+1}{15}$

8-1 $\dfrac{11a+23}{20}$ **8-2** $\dfrac{-7x-5}{6}$

9-1 $-\dfrac{16}{3}x + \dfrac{9}{2}$ **9-2** $\dfrac{1}{6}x + \dfrac{5}{4}$

1-2 $\dfrac{x-2}{2} + \dfrac{x-5}{3} = \dfrac{3(x-2)+2(x-5)}{6}$
$= \dfrac{3x-6+2x-10}{6}$
$= \dfrac{5x-16}{6} = \dfrac{5}{6}x - \dfrac{8}{3}$

2-1 $\dfrac{x-1}{4} + \dfrac{2x+1}{8} = \dfrac{2(x-1)+2x+1}{8}$
$= \dfrac{2x-2+2x+1}{8}$
$= \dfrac{4x-1}{8} = \dfrac{1}{2}x - \dfrac{1}{8}$

2-2 $\dfrac{a+5}{3} + \dfrac{5a-1}{9} = \dfrac{3(a+5)+5a-1}{9}$
$= \dfrac{3a+15+5a-1}{9}$
$= \dfrac{8a+14}{9}$

3-1 $\dfrac{3x-2}{4} + \dfrac{2x+3}{3} = \dfrac{3(3x-2)+4(2x+3)}{12}$
$= \dfrac{9x-6+8x+12}{12}$
$= \dfrac{17x+6}{12} = \dfrac{17}{12}x + \dfrac{1}{2}$

3-2 $\dfrac{4a-1}{5} + \dfrac{4a+1}{3} = \dfrac{3(4a-1)+5(4a+1)}{15}$
$= \dfrac{12a-3+20a+5}{15}$
$= \dfrac{32a+2}{15}$

4-1 $\dfrac{5x-3}{4} + \dfrac{x+2}{6} = \dfrac{3(5x-3)+2(x+2)}{12}$
$= \dfrac{15x-9+2x+4}{12}$
$= \dfrac{17x-5}{12}$

4-2 $\dfrac{a+3}{2} + \dfrac{5a-2}{3} = \dfrac{3(a+3)+2(5a-2)}{6}$
$= \dfrac{3a+9+10a-4}{6}$
$= \dfrac{13a+5}{6}$

5-2 $\dfrac{x+2}{3} - \dfrac{2x+4}{9} = \dfrac{3(x+2)-(2x+4)}{9}$
$= \dfrac{3x+6-2x-4}{9}$
$= \dfrac{x+2}{9}$

6-1 $\dfrac{2a+5}{6} - \dfrac{a-1}{2} = \dfrac{2a+5-3(a-1)}{6}$
$= \dfrac{2a+5-3a+3}{6}$
$= \dfrac{-a+8}{6} = -\dfrac{1}{6}a + \dfrac{4}{3}$

6-2 $\dfrac{x+3}{8} - \dfrac{x+1}{4} = \dfrac{x+3-2(x+1)}{8}$
$= \dfrac{x+3-2x-2}{8}$
$= \dfrac{-x+1}{8}$

7-1 $\dfrac{3x-1}{2} - \dfrac{x-3}{3} = \dfrac{3(3x-1)-2(x-3)}{6}$
$= \dfrac{9x-3-2x+6}{6}$
$= \dfrac{7x+3}{6} = \dfrac{7}{6}x + \dfrac{1}{2}$

7-2 $\dfrac{2x-1}{3} - \dfrac{4x-2}{5} = \dfrac{5(2x-1)-3(4x-2)}{15}$
$= \dfrac{10x-5-12x+6}{15}$
$= \dfrac{-2x+1}{15}$

8-1 $\dfrac{7a+3}{4} - \dfrac{6a-2}{5} = \dfrac{5(7a+3)-4(6a-2)}{20}$
$= \dfrac{35a+15-24a+8}{20}$
$= \dfrac{11a+23}{20}$

8-2 $\dfrac{x-1}{3}-\dfrac{3x+1}{2}=\dfrac{2(x-1)-3(3x+1)}{6}$

$\qquad\qquad\qquad\quad =\dfrac{2x-2-9x-3}{6}$

$\qquad\qquad\qquad\quad =\dfrac{-7x-5}{6}$

9-1 $\dfrac{12+5x}{3}-\dfrac{14x-1}{2}=\dfrac{2(12+5x)-3(14x-1)}{6}$

$\qquad\qquad\qquad\qquad =\dfrac{24+10x-42x+3}{6}$

$\qquad\qquad\qquad\qquad =\dfrac{-32x+27}{6}=-\dfrac{16}{3}x+\dfrac{9}{2}$

9-2 $\dfrac{2x+1}{4}-\dfrac{x-3}{3}=\dfrac{3(2x+1)-4(x-3)}{12}$

$\qquad\qquad\qquad\quad =\dfrac{6x+3-4x+12}{12}$

$\qquad\qquad\qquad\quad =\dfrac{2x+15}{12}=\dfrac{1}{6}x+\dfrac{5}{4}$

STEP 2

기본연산 집중연습 | 21~27
p. 48 ~ p. 49

1-1 $3y$ **1-2** $-3a$

1-3 $-8p$ **1-4** $\dfrac{11}{12}a$

1-5 $-\dfrac{11}{20}x$ **1-6** $-\dfrac{53}{30}y$

2-1 $-4x-6$ **2-2** $2y-12$

2-3 $-5a+7$ **2-4** $3x-6$

2-5 $-\dfrac{3}{5}x-\dfrac{1}{2}$ **2-6** $\dfrac{2}{3}x-\dfrac{1}{3}$

3-1 $5x-2$ **3-2** $3x-2$

3-3 $10x+23$ **3-4** $6x+13$

3-5 $3x-5$ **3-6** $-x+4$

4-1 $4x+2$ **4-2** $2x+14$

5-1 $-7x-17$ **5-2** $-26x+15$

3-2 $(x+5)-(-2x+7)=x+5+2x-7$

$\qquad\qquad\qquad\qquad\quad =3x-2$

3-3 $3(2x+1)+4(x+5)=6x+3+4x+20$

$\qquad\qquad\qquad\qquad\qquad =10x+23$

3-4 $4(3x+1)-3(2x-3)=12x+4-6x+9$

$\qquad\qquad\qquad\qquad\qquad =6x+13$

3-5 $\dfrac{1}{3}(3x-6)+\dfrac{1}{6}(12x-18)=x-2+2x-3$

$\qquad\qquad\qquad\qquad\qquad\qquad =3x-5$

3-6 $\dfrac{1}{4}(12x+8)-\dfrac{2}{3}(6x-3)=3x+2-4x+2$

$\qquad\qquad\qquad\qquad\qquad\qquad =-x+4$

STEP 3

기본연산 테스트
p. 50 ~ p. 51

1 (1) × (2) ○ (3) × (4) ○ (5) × (6) × (7) ○

2 (1) $80x\,\text{g}$ (2) $(5000-800x)$원 (3) $\dfrac{x}{10}$원 (4) $75x\,\text{km}$

3 (1) $0.7x$개 (2) $200a$원

4 (1) -6 (2) 18 (3) $\dfrac{1}{8}$ (4) 2

5 (1) 14 (2) -43 (3) -14 (4) -3

6 (1) 16 (2) -15

7 (1) ○ (2) ○ (3) × (4) ○ (5) ×

8 ㉠, ㉢, ㉣

9 (1) $-36x$ (2) $\dfrac{5}{3}x$ (3) $18y-3$ (4) $-15x-6$

10 $2x,\ \dfrac{3}{10}x,\ -0.6x$

11 (1) $-y$ (2) $4x-3$ (3) $5x$ (4) $2x-1$ (5) $23x-9$

$\quad$ (6) $-x+8$ (7) $-2x-20$

12 (1) $\dfrac{41x-1}{14}$ (2) $-\dfrac{1}{6}x+2$

---

1 (1) $x\div y\times 2=x\times\dfrac{1}{y}\times 2=\dfrac{2x}{y}$

$\quad$ (3) $x\div y\div 2=x\times\dfrac{1}{y}\times\dfrac{1}{2}=\dfrac{x}{2y}$

$\quad$ (5) $a\times b\times(-3)=-3ab$

$\quad$ (6) $a\times b\times 0.1\times b=0.1ab^2$

4 (1) $3x=3\times(-2)=-6$

$\quad$ (2) $10-4x=10-4\times(-2)=10+8=18$

$\quad$ (3) $-\dfrac{x}{16}=-\dfrac{-2}{16}=\dfrac{1}{8}$

$\quad$ (4) $5+\dfrac{6}{x}=5+\dfrac{6}{-2}=5-3=2$

5 (1) $3a+5=3\times3+5=9+5=14$

$\quad$ (2) $2a-b^2=2\times3-(-7)^2=6-49=-43$

$\quad$ (3) $\dfrac{2}{3}ab=\dfrac{2}{3}\times3\times(-7)=-14$

$\quad$ (4) $\dfrac{b-2}{a}=\dfrac{-7-2}{3}=\dfrac{-9}{3}=-3$

6 (1) $\dfrac{8}{a}=8\div a=8\div\dfrac{1}{2}=8\times2=16$

(2) $\dfrac{3}{a}=3\div a=3\div\left(-\dfrac{1}{5}\right)=3\times(-5)=-15$

7 (3) x의 계수는 $\dfrac{1}{2}$이다.

(5) 항이 $\dfrac{x}{2}$, $3y$, -5인 다항식이다.

9 (2) $\left(-\dfrac{5}{6}x\right)\div\left(-\dfrac{1}{2}\right)=\left(-\dfrac{5}{6}x\right)\times(-2)=\dfrac{5}{3}x$

(4) $(10x+4)\div\left(-\dfrac{2}{3}\right)=(10x+4)\times\left(-\dfrac{3}{2}\right)$
$=-15x-6$

11 (3) $(7x-4)-(2x-4)=7x-4-2x+4$
$=5x$

(4) $-2(5-4x)+3(-2x+3)=-10+8x-6x+9$
$=2x-1$

(5) $4(5x-2)-(-3x+1)=20x-8+3x-1$
$=23x-9$

(6) $\dfrac{1}{2}(6x+10)-\dfrac{1}{4}(16x-12)=3x+5-4x+3$
$=-x+8$

(7) $3x-5\{8-(4-x)\}=3x-5(8-4+x)$
$=3x-5(4+x)$
$=3x-20-5x$
$=-2x-20$

12 (1) $\dfrac{5x+1}{2}+\dfrac{3x-4}{7}=\dfrac{7(5x+1)+2(3x-4)}{14}$
$=\dfrac{35x+7+6x-8}{14}$
$=\dfrac{41x-1}{14}$

(2) $\dfrac{x+2}{2}-\dfrac{2x-3}{3}=\dfrac{3(x+2)-2(2x-3)}{6}$
$=\dfrac{3x+6-4x+6}{6}$
$=\dfrac{-x+12}{6}$
$=-\dfrac{1}{6}x+2$

2
일차방정식

STEP 1

01 등식 찾기 p. 54

1-1 ○		**1-2** ○	
2-1 ×		**2-2** ○	
3-1 ×		**3-2** ×	
4-1 ×		**4-2** ×	
5-1 ○		**5-2** ○	
6-1 ○		**6-2** ×	

02 문장을 등식으로 나타내기 p. 55

1-1 $x+7, 10$ **1-2** $x-8=7$

2-1 $3x=12$ **2-2** $4a=24$

3-1 $3a+8=17$ **3-2** $2x+5=11$

4-1 $3000-250x=500$ **4-2** $10000-5x=3000$

5-1 $800x+2000=4400$ **5-2** $1200y+2700=6300$

03 방정식과 해 p. 56 ~ p. 57

1-1

x의 값	좌변	우변	참, 거짓 판별
0	$2\times0-1=-1$	5	거짓
1	$2\times1-1=1$	5	거짓
2	$2\times2-1=3$	5	거짓
3	$2\times3-1=5$	5	참

3

1-2

x의 값	좌변	우변	참, 거짓 판별
1	$3\times1+1=4$	7	거짓
2	$3\times2+1=7$	7	참
3	$3\times3+1=10$	7	거짓
4	$3\times4+1=13$	7	거짓

2

2-1

x의 값	좌변	우변	참, 거짓 판별
-1	$4\times(-1)-7=-11$	-3	거짓
0	$4\times0-7=-7$	-3	거짓
1	$4\times1-7=-3$	-3	참
2	$4\times2-7=1$	-3	거짓

1

2-2

x의 값	좌변	우변	참, 거짓 판별
0	$3\times0+5=5$	$0-1=-1$	거짓
-1	$3\times(-1)+5=2$	$-1-1=-2$	거짓
-2	$3\times(-2)+5=-1$	$-2-1=-3$	거짓
-3	$3\times(-3)+5=-4$	$-3-1=-4$	참

-3

3-1 $\times$ **3-2** $\bigcirc$

4-1 $\bigcirc$ **4-2** $\times$

5-1 $0, \times$ **5-2** $\times$

6-1 $\bigcirc$ **6-2** $\bigcirc$

7-1 $\times$ **7-2** $\bigcirc$

8-1 $\times$ **8-2** $\bigcirc$

9-1 $\times$ **9-2** $\times$

5-2 (좌변)$=2\times(-1)+3=1$, (우변)$=5$
즉 (좌변)$\neq$(우변)이므로 해가 아니다.

6-1 (좌변)$=0+3=3$, (우변)$=3$
즉 (좌변)$=$(우변)이므로 해이다.

6-2 (좌변)$=2\times3-4=2$, (우변)$=2$
즉 (좌변)$=$(우변)이므로 해이다.

7-1 (좌변)$=-3\times(-2)+1=7$, (우변)$=5$
즉 (좌변)$\neq$(우변)이므로 해가 아니다.

7-2 (좌변)$=-3\times(-4)=12$,
(우변)$=-(-4)+8=12$
즉 (좌변)$=$(우변)이므로 해이다.

8-1 (좌변)$=3-4=-1$,
(우변)$=3\times4-5=7$
즉 (좌변)$\neq$(우변)이므로 해가 아니다.

8-2 (좌변)$=5\times(-3)-8=-23$,
(우변)$=9\times(-3)+4=-23$
즉 (좌변)$=$(우변)이므로 해이다.

9-1 (좌변)$=2\times(-1+2)=2$,
(우변)$=-1-4=-5$
즉 (좌변)$\neq$(우변)이므로 해가 아니다.

9-2 (좌변)$=3\times(2-1)=3$,
(우변)$=2\times1-5=-3$
즉 (좌변)$\neq$(우변)이므로 해가 아니다.

---

04 항등식   p. 58

1-1 $\bigcirc$, $-x-1$, $2x$, 항등식   **1-2** $\bigcirc$

2-1 $\bigcirc$ **2-2** $\bigcirc$

3-1 2   **3-2** $a=-5, b=1$

4-1 $a=1, b-2$ **4-2** $a=-5, b=3$

1-2 $\bigcirc$에서 (좌변)$=3x$
(좌변)$=$(우변)이므로 항등식이다.
$\bigcirc$에서 (좌변)$\neq$(우변)이므로 항등식이 아니다.

2-1 $\bigcirc$에서 (좌변)$\neq$(우변)이므로 항등식이 아니다.
$\bigcirc$에서 (좌변)$=5x$
(좌변)$=$(우변)이므로 항등식이다.

2-2 $\bigcirc$에서 (좌변)$\neq$(우변)이므로 항등식이 아니다.
$\bigcirc$에서 (좌변)$=2x-6$
(좌변)$=$(우변)이므로 항등식이다.

STEP 2

기본연산 집중연습 | 01~04   p. 59 ~ p. 60

1-1 $\times$ **1-2** $\bigcirc$

1-3 $\bigcirc$ **1-4** $\times$

1-5 $\bigcirc$ **1-6** $\bigcirc$

1-7 $\times$ **1-8** $\bigcirc$

2-1 방   **2-2** 방

2-3 항   **2-4** 항

2-5 방   **2-6** 항

2-7 방   **2-8** 방

3-1 C   **3-2** B

3-3 B   **3-4** A

05 등식의 성질
p. 61

1-1 1 **1-2** 3
2-1 4 **2-2** 2
3-1 4, ○ **3-2** -5, ○
4-1 2, ○ **4-2** $\dfrac{1}{4}$, $\dfrac{1}{2}$, ×
5-1 4, $\dfrac{4}{3}$, × **5-2** 4, ○

06 등식의 성질을 이용한 방정식의 풀이 (1)
p. 62

1-1 7, 7, 13 **1-2** $x=-4$
2-1 9, 9, -5 **2-2** $x=-3$
3-1 3, 3, 21 **3-2** $x=-10$
4-1 -3, -3, -5 **4-2** $x=-2$

07 등식의 성질을 이용한 방정식의 풀이 (2)
p. 63

1-1 2, 2, 2, 4, -4, -4, 4, -4, -1
1-2 $x=-4$
2-1 $x=3$ **2-2** $x=2$
3-1 $x=10$ **3-2** $x=-5$
4-1 $x=4$ **4-2** $x=13$

1-2
$$2x-3=-11$$
$$2x-3+3=-11+3 \quad \text{양변에 3을 더한다.}$$
$$2x=-8$$
$$\frac{2x}{2}=\frac{-8}{2} \quad \text{양변을 2로 나눈다.}$$
$$\therefore x=-4$$

2-1
$$3x-1=8$$
$$3x-1+1=8+1 \quad \text{양변에 1을 더한다.}$$
$$3x=9$$
$$\frac{3x}{3}=\frac{9}{3} \quad \text{양변을 3으로 나눈다.}$$
$$\therefore x=3$$

2-2
$$-5x+7=-3$$
$$-5x+7-7=-3-7 \quad \text{양변에서 7을 뺀다.}$$
$$-5x=-10$$
$$\frac{-5x}{-5}=\frac{-10}{-5} \quad \text{양변을 }-5\text{로 나눈다.}$$
$$\therefore x=2$$

3-1
$$\frac{1}{2}x-3=2$$
$$\frac{1}{2}x-3+3=2+3 \quad \text{양변에 3을 더한다.}$$
$$\frac{1}{2}x=5$$
$$\frac{1}{2}x\times 2=5\times 2 \quad \text{양변에 2를 곱한다.}$$
$$\therefore x=10$$

3-2
$$\frac{x}{5}-2=-3$$
$$\frac{x}{5}-2+2=-3+2 \quad \text{양변에 2를 더한다.}$$
$$\frac{x}{5}=-1$$
$$\frac{x}{5}\times 5=-1\times 5 \quad \text{양변에 5를 곱한다.}$$
$$\therefore x=-5$$

4-1
$$\frac{2}{3}x-\frac{5}{2}=\frac{1}{6}$$
$$\frac{2}{3}x-\frac{5}{2}+\frac{5}{2}=\frac{1}{6}+\frac{5}{2} \quad \text{양변에 }\frac{5}{2}\text{를 더한다.}$$
$$\frac{2}{3}x=\frac{8}{3}$$
$$\frac{2}{3}x\times\frac{3}{2}=\frac{8}{3}\times\frac{3}{2} \quad \text{양변에 }\frac{3}{2}\text{을 곱한다.}$$
$$\therefore x=4$$

4-2
$$\frac{x-3}{2}=5$$
$$\frac{x-3}{2}\times 2=5\times 2 \quad \text{양변에 2를 곱한다.}$$
$$x-3=10$$
$$x-3+3=10+3 \quad \text{양변에 3을 더한다.}$$
$$\therefore x=13$$

08 이항
p. 64

1-1 4 **1-2** $2x=5+5$
2-1 $2x-x=-3$ **2-2** $5x=-4-6$
3-1 $3x-x=1+3$ **3-2** $x-7x=-10-3$
4-1 -4 **4-2** $x=7$
5-1 $x=5$ **5-2** $2x=-8$

4-2 $4x-5=3x+2$에서
$4x-3x=2+5$
$x=7$

5-1 $-2x-1=-3x+4$에서
$-2x+3x=4+1$
$x=5$

5-2 $4x+3=2x-5$에서
$4x-2x=-5-3$
$2x=-8$

09 일차방정식

1-1	3, ○	**1-2**	○
2-1	×	**2-2**	×
3-1	○	**3-2**	○
4-1	×	**4-2**	○
5-1	×	**5-2**	×
6-1	○	**6-2**	○

2-1 $3x-10=3x-1$에서
$-9=0$이므로 일차방정식이 아니다.

4-1 $x^2+x=1-2x$에서
$x^2+3x-1=0$이므로 일차방정식이 아니다.

4-2 $x^2-3=x^2+2x+5$에서
$-2x-8=0$이므로 일차방정식이다.

5-1 $3(x+2)+1=3x-4$에서
$3x+6+1=3x-4$, $11=0$이므로 일차방정식이 아니다.

6-1 $x(x+5)=x^2-2$에서
$x^2+5x=x^2-2$, $5x+2=0$이므로 일차방정식이다.

6-2 $6x-3(x+1)=7$에서
$6x-3x-3=7$, $3x-10=0$이므로 일차방정식이다.

기본연산 집중연습 | 05~09

1-1	×	**1-2**	○
1-3	○	**1-4**	×
1-5	○	**1-6**	○
1-7	×	**1-8**	○
2-1	$x=-5$	**2-2**	$x=-4$
2-3	$x=4$	**2-4**	$x=-3$
2-5	$x=3$	**2-6**	$x=-2$
2-7	$x=-6$	**2-8**	$x=4$
3-1	$3x=-5$	**3-2**	$7x=21$
3-3	$3x=7$	**3-4**	$2x=-2$
3-5	$3x=3$	**3-6**	$2x=-4$
3-7	$4x=6$	**3-8**	$-6x=-6$
4-1	×	**4-2**	○
4-3	×	**4-4**	×
4-5	×	**4-6**	○
4-7	○	**4-8**	×

10 일차방정식의 풀이 (1)

1-1	$-3, 14$	**1-2**	$x=3$
2-1	$x=11$	**2-2**	$x=-\dfrac{4}{3}$
3-1	$5, 5, 12, 6, 2$	**3-2**	$x=-4$
4-1	$x=-1$	**4-2**	$x=-3$
5-1	$x=-5$	**5-2**	$x=2$
6-1	$x, -x, -1, -3$	**6-2**	$x=-2$
7-1	$x=3$	**7-2**	$x=6$
8-1	$x=4$	**8-2**	$x=-4$
9-1	$x=3$	**9-2**	$x=3$
10-1	$x=\dfrac{5}{2}$	**10-2**	$x=-3$
11-1	$x=-10$	**11-2**	$x=-2$

1-1 $-5, 5, 28, 7, 4$ **1-2** $x=-4$

2-1 $x=2$ **2-2** $x=3$

3-1 $x=5$ **3-2** $x=-1$

4-1 $x=5$ **4-2** $x=-3$

5-1 $x=-\dfrac{1}{2}$ **5-2** $x=-\dfrac{9}{2}$

6-1 $x=-2$ **6-2** $x=-3$

7-1 $x=1$ **7-2** $x=-6$

8-1 $x=2$ **8-2** $x=4$

9-1 $x=-1$ **9-2** $x=1$

10-1 $x=-\dfrac{1}{2}$ **10-2** $x=\dfrac{1}{3}$

11-1 $x=1$ **11-2** $x=-7$

1-2 $5x+8=2x-4$에서
$$3x=-12$$
$$\therefore x=-4$$

2-1 $2x+7=19-4x$에서
$$6x=12$$
$$\therefore x=2$$

2-2 $3x-4=x+2$에서
$$2x=6$$
$$\therefore x=3$$

3-1 $8x+3=5x+18$에서
$$3x=15$$
$$\therefore x=5$$

3-2 $6x-1=4x-3$에서
$$2x=-2$$
$$\therefore x=-1$$

4-1 $5x+10=3x+20$에서
$$2x=10$$
$$\therefore x=5$$

4-2 $7x+4=-x-20$에서
$$8x=-24$$
$$\therefore x=-3$$

5-1 $8x+1=-2+2x$에서
$$6x=-3$$
$$\therefore x=-\dfrac{1}{2}$$

5-2 $2x+5=-2x-13$에서
$$4x=-18$$
$$\therefore x=-\dfrac{9}{2}$$

6-1 $6x-3=10x+5$에서
$$-4x=8$$
$$\therefore x=-2$$

6-2 $2x-14=7x+1$에서
$$-5x=15$$
$$\therefore x=-3$$

7-1 $3x+2=8x-3$에서
$$-5x=-5$$
$$\therefore x=1$$

7-2 $8x-10=9x-4$에서
$$-x=6$$
$$\therefore x=-6$$

8-1 $4x+9=7x+3$에서
$$-3x=-6$$
$$\therefore x=2$$

8-2 $9x+5=14x-15$에서
$$-5x=-20$$
$$\therefore x=4$$

9-1 $-3x+8=6x+17$에서
$$-9x=9$$
$$\therefore x=-1$$

9-2 $9-x=2+6x$에서
$$-7x=-7$$
$$\therefore x=1$$

10-1 $9-4x=-2x+10$에서
$$-2x=1$$
$$\therefore x=-\dfrac{1}{2}$$

10-2 $-8x-10=-11x-9$에서
$$3x=1$$
$$\therefore x=\dfrac{1}{3}$$

11-1 $-2x-5=5x-12$에서
$$-7x=-7$$
$$\therefore x=1$$

11-2 $-5-x=2x+16$에서
$$-3x=21$$
$$\therefore x=-7$$

1-1 $6, -9, 3, -3$ **1-2** $x=4$
2-1 $x=-2$ **2-2** $x=-3$
3-1 $5, -12, 2, -6$ **3-2** $x=1$
4-1 $x=2$ **4-2** $x=3$
5-1 $-13, -2x, 7x, 3$ **5-2** $x=3$
6-1 $x=6$ **6-2** $x=2$
7-1 $x=-1$ **7-2** $x=-3$
8-1 $x=2$ **8-2** $x=-4$
9-1 $x=-11$ **9-2** $x=-2$
10-1 $x=8$ **10-2** $x=-3$

1-2 $4(x-2)=8$에서
$$4x-8=8$$
$$4x=16$$
$$\therefore x=4$$

2-1 $-5(x-1)=15$에서
$$-5x+5=15$$
$$-5x=10$$
$$\therefore x=-2$$

2-2 $-2(2x+3)=6$에서
$$-4x-6=6$$
$$-4x=12$$
$$\therefore x=-3$$

3-2 $4(2x+1)+1=13$에서
$$8x+4+1=13$$
$$8x=8$$
$$\therefore x=1$$

4-1 $x+2(3x-8)=-2$에서
$$x+6x-16=-2$$
$$7x=14$$
$$\therefore x=2$$

4-2 $3x+2(x-4)=7$에서
$$3x+2x-8=7$$
$$5x=15$$
$$\therefore x=3$$

5-2 $7x-6=-3(x-8)$에서
$$7x-6=-3x+24$$
$$10x=30$$
$$\therefore x=3$$

6-1 $3x-2(x-1)=8$에서
$$3x-2x+2=8$$
$$\therefore x=6$$

6-2 $2x-3(2-x)=4$에서
$$2x-6+3x=4$$
$$5x=10$$
$$\therefore x=2$$

7-1 $5x-(3x-8)=6$에서
$$5x-3x+8=6$$
$$2x=-2$$
$$\therefore x=-1$$

7-2 $1-4(x+1)=9$에서
$$1-4x-4=9$$
$$-4x=12$$
$$\therefore x=-3$$

8-1 $3(x-5)=-(x+7)$에서
$$3x-15=-x-7$$
$$4x=8$$
$$\therefore x=2$$

8-2 $5(6-2x)=-2(9x+1)$에서
$$30-10x=-18x-2$$
$$8x=-32$$
$$\therefore x=-4$$

9-1 $2(2x-3)=5(x+1)$에서
$$4x-6=5x+5$$
$$-x=11$$
$$\therefore x=-11$$

9-2 $3(x+8)=3-(7x-1)$에서
$$3x+24=3-7x+1$$
$$10x=-20$$
$$\therefore x=-2$$

10-1 $4(x-1)-3(x+1)=1$에서
$$4x-4-3x-3=1$$
$$\therefore x=8$$

10-2 $3(5-x)+2(x-5)=8$에서
$$15-3x+2x-10=8$$
$$-x=3$$
$$\therefore x=-3$$

기본연산 집중연습 | 10~12   p. 74 ~ p. 76

1   3개

2-1 $x=-3$ **2-2** $x=4$

2-3 $x=-1$ **2-4** $x=-2$

2-5 $x=-5$ **2-6** $x=\dfrac{1}{2}$

2-7 $x=-1$ **2-8** $x=-1$

2-9 $x=-2$ **2-10** $x=-2$

2-11 $x=2$ **2-12** $x=1$

2-13 $x=1$ **2-14** $x=-\dfrac{3}{5}$

3-1 $x=15, x=-4,$ 공   **3-2** $x=-2, x=-9,$ 수

3-3 $x=-2, x=0,$ 래   **3-4** $x=4, x=-3,$ 공

3-5 $x=2, x=-3,$ 수   **3-6** $x=10, x=4,$ 거

공수래공수거

1

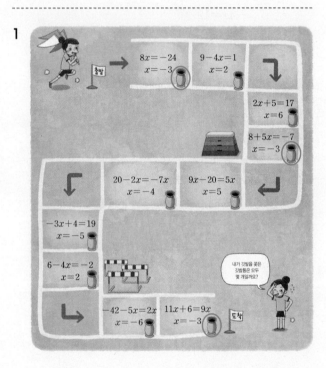

13 일차방정식의 풀이⑷   p. 77 ~ p. 78

1-1 $10, 9, -15, -24, -2$ **1-2** $x=-9$

2-1 $x=-2$ **2-2** $x=-6$

3-1 $x=9$ **3-2** $x=5$

4-1 $x=-6$ **4-2** $x=3$

5-1 $x=-5$ **5-2** $x=-3$

6-1 $x=\dfrac{1}{5}$ **6-2** $x=9$

7-1 $x=-3$ **7-2** $x=7$

8-1 $x=8$ **8-2** $x=30$

9-1 $x=10$ **9-2** $x=14$

10-1 $x=16$ **10-2** $x=100$

11-1 $x=40$ **11-2** $x=-6$

1-2 $0.2x+1.1=-0.7$의 양변에 10을 곱하면
$2x+11=-7, 2x=-18$ $\therefore x=-9$

2-1 $2.1x=0.5x-3.2$의 양변에 10을 곱하면
$21x=5x-32, 16x=-32$ $\therefore x=-2$

2-2 $1.1x=0.8x-1.8$의 양변에 10을 곱하면
$11x=8x-18, 3x=-18$ $\therefore x=-6$

3-1 $0.8x+0.3=0.4x+3.9$의 양변에 10을 곱하면
$8x+3=4x+39, 4x=36$ $\therefore x=9$

3-2 $1.3x+0.1=0.8x+2.6$의 양변에 10을 곱하면
$13x+1=8x+26, 5x=25$ $\therefore x=5$

4-1 $0.3x-0.2=0.5x+1$의 양변에 10을 곱하면
$3x-2=5x+10, -2x=12$ $\therefore x=-6$

4-2 $0.5x-0.4=2-0.3x$의 양변에 10을 곱하면
$5x-4=20-3x, 8x=24$ $\therefore x=3$

5-1 $0.2x-1.5=1.1x+3$의 양변에 10을 곱하면
$2x-15=11x+30, -9x=45$ $\therefore x=-5$

5-2 $0.2x-4.3=1.3x-1$의 양변에 10을 곱하면
$2x-43=13x-10, -11x=33$ $\therefore x=-3$

6-1 $0.6x+0.18=1.5x$의 양변에 100을 곱하면
$60x+18=150x, -90x=-18$ $\therefore x=\dfrac{1}{5}$

6-2 $0.12x-0.28=0.8$의 양변에 100을 곱하면
$12x-28=80, 12x=108$ $\therefore x=9$

7-1 $0.3x+0.54=0.12x$의 양변에 100을 곱하면
$30x+54=12x,\ 18x=-54 \qquad \therefore x=-3$

7-2 $0.05x=0.14+0.03x$의 양변에 100을 곱하면
$5x=14+3x,\ 2x=14 \qquad \therefore x=7$

8-1 $0.75x-2=0.5x$의 양변에 100을 곱하면
$75x-200=50x,\ 25x=200 \qquad \therefore x=8$

8-2 $1.2-0.05x=-0.01x$의 양변에 100을 곱하면
$120-5x=-x,\ -4x=-120 \qquad \therefore x=30$

9-1 $1.26x-0.6=1.3x-1$의 양변에 100을 곱하면
$126x-60=130x-100,\ -4x=-40 \qquad \therefore x=10$

9-2 $0.15x-0.3=0.2x-1$의 양변에 100을 곱하면
$15x-30=20x-100,\ -5x=-70 \qquad \therefore x=14$

10-1 $0.04x+0.16=0.1x-0.8$의 양변에 100을 곱하면
$4x+16=10x-80,\ -6x=-96 \qquad \therefore x=16$

10-2 $0.07x-0.2=0.05x+1.8$의 양변에 100을 곱하면
$7x-20=5x+180,\ 2x=200 \qquad \therefore x=100$

11-1 $0.06x-0.5=0.03x+0.7$의 양변에 100을 곱하면
$6x-50=3x+70,\ 3x=120 \qquad \therefore x=40$

11-2 $0.09x+1=0.34-0.02x$의 양변에 100을 곱하면
$9x+100=34-2x,\ 11x=-66 \qquad \therefore x=-6$

1-2 $0.1(3x-5)=1$의 양변에 10을 곱하면
$3x-5=10,\ 3x=15 \qquad \therefore x=5$

2-1 $0.4(x-3)-1.4=0.2$의 양변에 10을 곱하면
$4(x-3)-14=2,\ 4x-12-14=2$
$4x=28 \qquad \therefore x=7$

2-2 $0.1x+0.6=0.3(2x-3)$의 양변에 10을 곱하면
$x+6=3(2x-3),\ x+6=6x-9$
$-5x=-15 \qquad \therefore x=3$

3-1 $0.2(x-4)=0.5(x+2)$의 양변에 10을 곱하면
$2(x-4)=5(x+2),\ 2x-8=5x+10$
$-3x=18 \qquad \therefore x=-6$

3-2 $0.2(x-3)=0.3x-1$의 양변에 10을 곱하면
$2(x-3)=3x-10,\ 2x-6=3x-10$
$-x=-4 \qquad \therefore x=4$

4-1 $0.6x-1=4(0.3x-0.7)$의 양변에 10을 곱하면
$6x-10=40(0.3x-0.7)$
$6x-10=12x-28,\ -6x=-18 \qquad \therefore x=3$

4-2 $0.3x+0.2=2(0.2x-1)$의 양변에 10을 곱하면
$3x+2=20(0.2x-1)$
$3x+2=4x-20,\ -x=-22 \qquad \therefore x=22$

14 일차방정식의 풀이 (5)   p. 79

1-1	$4, 6, 2$	**1-2**	$x=5$
2-1	$x=7$	**2-2**	$x=3$
3-1	$x=-6$	**3-2**	$x=4$
4-1	$x=3$	**4-2**	$x=22$

15 일차방정식의 풀이 (6)   p. 80 ~ p. 81

1-1	$12, 12, 12, 8x, -5, -12$	**1-2**	$x=-30$
2-1	$x=24$	**2-2**	$x=\dfrac{5}{2}$
3-1	$x=-24$	**3-2**	$x=4$
4-1	$x=2$	**4-2**	$x=\dfrac{3}{2}$
5-1	$x=-24$	**5-2**	$x=-3$
6-1	$x=-8$	**6-2**	$x=12$
7-1	$x=\dfrac{8}{3}$	**7-2**	$x=-2$
8-1	$x=\dfrac{9}{4}$	**8-2**	$x=-5$
9-1	$x=\dfrac{9}{5}$	**9-2**	$x=-5$
10-1	$x=-2$	**10-2**	$x=11$

1-2 $\frac{1}{2}x+3=\frac{2}{5}x$의 양변에 분모의 최소공배수 10을 곱하면

$5x+30=4x$ $\therefore x=-30$

2-1 $\frac{1}{2}x-4=\frac{1}{3}x$의 양변에 분모의 최소공배수 6을 곱하면

$3x-24=2x$ $\therefore x=24$

2-2 $\frac{4}{3}x=\frac{2}{5}x+\frac{7}{3}$의 양변에 분모의 최소공배수 15를 곱하면

$20x=6x+35,\ 14x=35$ $\therefore x=\frac{5}{2}$

3-1 $\frac{2}{3}x-2=\frac{3}{4}x$의 양변에 분모의 최소공배수 12를 곱하면

$8x-24=9x,\ -x=24$ $\therefore x=-24$

3-2 $\frac{3}{2}x=-\frac{1}{4}x+7$의 양변에 분모의 최소공배수 4를 곱하면

$6x=-x+28,\ 7x=28$ $\therefore x=4$

4-1 $\frac{5}{4}x-1=\frac{3}{2}$의 양변에 분모의 최소공배수 4를 곱하면

$5x-4=6,\ 5x=10$ $\therefore x=2$

4-2 $\frac{1}{2}x+\frac{1}{4}=\frac{2}{3}x$의 양변에 분모의 최소공배수 12를 곱하면

$6x+3=8x,\ -2x=-3$ $\therefore x=\frac{3}{2}$

5-1 $\frac{1}{4}x-1=\frac{1}{3}x+1$의 양변에 분모의 최소공배수 12를 곱하면

$3x-12=4x+12,\ -x=24$ $\therefore x=-24$

5-2 $\frac{4}{3}x-\frac{1}{2}=\frac{5}{2}x+3$의 양변에 분모의 최소공배수 6을 곱하면

$8x-3=15x+18,\ -7x=21$ $\therefore x=-3$

6-1 $\frac{1}{3}x-5=\frac{5}{6}x-1$의 양변에 분모의 최소공배수 6을 곱하면

$2x-30=5x-6,\ -3x=24$ $\therefore x=-8$

6-2 $\frac{1}{3}x-6=\frac{1}{2}x-8$의 양변에 분모의 최소공배수 6을 곱하면

$2x-36=3x-48,\ -x=-12$ $\therefore x=12$

7-1 $\frac{2}{3}x-1=\frac{1}{6}x+\frac{1}{3}$의 양변에 분모의 최소공배수 6을 곱하면

$4x-6=x+2,\ 3x=8$ $\therefore x=\frac{8}{3}$

7-2 $\frac{2}{3}x-\frac{1}{6}=\frac{1}{4}x-1$의 양변에 분모의 최소공배수 12를 곱하면

$8x-2=3x-12,\ 5x=-10$ $\therefore x=-2$

8-1 $x-\frac{1}{2}=\frac{2}{3}x+\frac{1}{4}$의 양변에 분모의 최소공배수 12를 곱하면

$12x-6=8x+3,\ 4x=9$ $\therefore x=\frac{9}{4}$

8-2 $\frac{1}{4}x-\frac{1}{2}=\frac{1}{2}x+\frac{3}{4}$의 양변에 분모의 최소공배수 4를 곱하면

$x-2=2x+3,\ -x=5$ $\therefore x=-5$

9-1 $\frac{2}{3}x-\frac{1}{2}=\frac{1}{2}x-\frac{1}{5}$의 양변에 분모의 최소공배수 30을 곱하면

$20x-15=15x-6,\ 5x=9$ $\therefore x=\frac{9}{5}$

9-2 $\frac{1}{3}x-1=\frac{4}{5}x+\frac{4}{3}$의 양변에 분모의 최소공배수 15를 곱하면

$5x-15=12x+20,\ -7x=35$ $\therefore x=-5$

10-1 $\frac{1}{6}(x+1)=\frac{3}{4}x+\frac{4}{3}$의 양변에 분모의 최소공배수 12를 곱하면

$2(x+1)=9x+16,\ 2x+2=9x+16$

$-7x=14$ $\therefore x=-2$

10-2 $\frac{1}{2}(x-3)=\frac{1}{3}(x+1)$의 양변에 분모의 최소공배수 6을 곱하면

$3(x-3)=2(x+1),\ 3x-9=2x+2$

$\therefore x=11$

16 일차방정식의 풀이(7)   p. 82 ~ p. 83

1-1 $6, 6, 6, 2, 3, 12, 15, -3, 3$

1-2 $x=-5$

2-1 $x=8$	**2-2** $x=-6$
3-1 $x=9$	**3-2** $x=1$
4-1 $x=13$	**4-2** $x=-1$
5-1 $10, 2, 10, 7, 70, 10$	**5-2** $x=5$
6-1 $x=-15$	**6-2** $x=-3$
7-1 $x=16$	**7-2** $x=1$
8-1 $x=1$	**8-2** $x=4$
9-1 $x=4$	**9-2** $x=-24$

1-2 $\frac{x-3}{2}=-4$의 양변에 2를 곱하면

$x-3=-8$ $\therefore x=-5$

2-1 $\dfrac{x-2}{3}=\dfrac{x}{4}$의 양변에 12를 곱하면

  $4(x-2)=3x,\ 4x-8=3x$ $\therefore x=8$

2-3 $\dfrac{x}{3}=\dfrac{x-4}{5}$의 양변에 15를 곱하면

  $5x=3(x-4),\ 5x=3x-12,\ 2x=-12$

  $\therefore x=-6$

3-1 $\dfrac{x-2}{3}=\dfrac{2x+3}{9}$의 양변에 9를 곱하면

  $3(x-2)=2x+3,\ 3x-6=2x+3$ $\therefore x=9$

3-2 $\dfrac{x+5}{6}=\dfrac{3x+1}{4}$의 양변에 12를 곱하면

  $2(x+5)=3(3x+1)$

  $2x+10=9x+3,\ -7x=-7$ $\therefore x=1$

4-1 $\dfrac{x+2}{6}=\dfrac{x-3}{4}$의 양변에 12를 곱하면

  $2(x+2)=3(x-3)$

  $2x+4=3x-9,\ -x=-13$ $\therefore x=13$

4-2 $\dfrac{2x-3}{5}=\dfrac{3x-1}{4}$의 양변에 20을 곱하면

  $4(2x-3)=5(3x-1)$

  $8x-12=15x-5,\ -7x=7$ $\therefore x=-1$

5-2 $\dfrac{x+1}{2}+\dfrac{x+1}{3}=5$의 양변에 6을 곱하면

  $3(x+1)+2(x+1)=30$

  $3x+3+2x+2=30,\ 5x=25$ $\therefore x=5$

6-1 $\dfrac{x}{5}-3=\dfrac{x-3}{3}$의 양변에 15를 곱하면

  $3x-45=5(x-3)$

  $3x-45=5x-15,\ -2x=30$ $\therefore x=-15$

6-2 $\dfrac{x-7}{4}-\dfrac{3}{2}=\dfrac{4}{3}x$의 양변에 12를 곱하면

  $3(x-7)-18=16x$

  $3x-21-18=16x,\ -13x=39$ $\therefore x=-3$

7-1 $\dfrac{x}{3}-\dfrac{x+4}{6}=2$의 양변에 6을 곱하면

  $2x-(x+4)=12$

  $2x-x-4=12$ $\therefore x=16$

7-2 $\dfrac{x+1}{2}=\dfrac{x-1}{3}+1$의 양변에 6을 곱하면

  $3(x+1)=2(x-1)+6$

  $3x+3=2x-2+6$ $\therefore x=1$

8-1 $\dfrac{x+5}{2}=2-\dfrac{x-4}{3}$의 양변에 6을 곱하면

  $3(x+5)=12-2(x-4)$

  $3x+15=12-2x+8,\ 5x=5$ $\therefore x=1$

8-2 $\dfrac{2x-5}{3}=1-\dfrac{4-x}{4}$의 양변에 12를 곱하면

  $4(2x-5)=12-3(4-x)$

  $8x-20=12-12+3x,\ 5x=20$ $\therefore x=4$

9-1 $\dfrac{x+5}{3}-2=\dfrac{2x+1}{9}$의 양변에 9를 곱하면

  $3(x+5)-18=2x+1$

  $3x+15-18=2x+1$ $\therefore x=4$

9-2 $3-\dfrac{5-3x}{4}=\dfrac{5}{8}(x-2)$의 양변에 8을 곱하면

  $24-2(5-3x)=5(x-2)$

  $24-10+6x=5x-10$ $\therefore x=-24$

17 일차방정식의 풀이 ⑧ : 계수가 소수와 분수인 일차방정식 p.84

1-1 $8,3,-6,-2$		**1-2** $x=-7$	
2-1 $x=-3$		**2-2** $x=-2$	
3-1 $\dfrac{1}{5},15,3,3,\dfrac{9}{4}$		**3-2** $x=-\dfrac{10}{3}$	
4-1 $x=-\dfrac{1}{6}$		**4-2** $x=2$	

1-2 $0.3x-\dfrac{3}{2}=0.6x+\dfrac{3}{5}$의 양변에 10을 곱하면

  $3x-15=6x+6,\ -3x=21$ $\therefore x=-7$

2-1 $\dfrac{1}{5}x-0.9=\dfrac{1}{2}x$의 양변에 10을 곱하면

  $2x-9=5x,\ -3x=9$ $\therefore x=-3$

2-2 $0.3x=\dfrac{1}{2}x+\dfrac{2}{5}$의 양변에 10을 곱하면

  $3x=5x+4,\ -2x=4$ $\therefore x=-2$

3-2 $1.5x+2=\dfrac{3x-2}{4}$에서

  $\dfrac{3}{2}x+2=\dfrac{3x-2}{4}$

  $6x+8=3x-2,\ 3x=-10$ $\therefore x=-\dfrac{10}{3}$

4-1 $\dfrac{5}{2}x-\dfrac{2}{3}=0.5(x-2)$에서

  $\dfrac{5}{2}x-\dfrac{2}{3}=\dfrac{1}{2}(x-2)$

  $15x-4=3(x-2)$

  $15x-4=3x-6,\ 12x=-2$ $\therefore x=-\dfrac{1}{6}$

4-2 $0.5(x+1)=\dfrac{1}{4}(x+4)$에서

$\dfrac{1}{2}(x+1)=\dfrac{1}{4}(x+4)$

$2(x+1)=x+4,\ 2x+2=x+4$

$\therefore\ x=2$

18 일차방정식의 풀이⑼ : 비례식　　p. 85

1-1	5, 4, 9	**1-2**	7
2-1	16	**2-2**	14
3-1	6	**3-2**	4
4-1	3	**4-2**	5
5-1	1	**5-2**	-29

1-2 $(x-1):(2x-5)=2:3$에서

$3(x-1)=2(2x-5)$

$3x-3=4x-10,\ -x=-7$　　$\therefore\ x=7$

2-1 $12:(x+4)=3:5$에서

$12\times5=3(x+4)$

$60=3x+12,\ -3x=-48$　　$\therefore\ x=16$

2-2 $16:(x-2)=4:3$에서

$16\times3=4(x-2)$

$48=4x-8,\ -4x=-56$　　$\therefore\ x=14$

3-1 $(x-1):(2x+3)=1:3$에서

$3(x-1)=2x+3$

$3x-3=2x+3$　　$\therefore\ x=6$

3-2 $(x-2):(x-1)=2:3$에서

$3(x-2)=2(x-1)$

$3x-6=2x-2$　　$\therefore\ x=4$

4-1 $(x-7):(2-x)=4:1$에서

$x-7=4(2-x)$

$x-7=8-4x,\ 5x=15$　　$\therefore\ x=3$

4-2 $(3x-1):(2x+8)=7:9$에서

$9(3x-1)=7(2x+8)$

$27x-9=14x+56,\ 13x=65$　　$\therefore\ x=5$

5-1 $(-x+3):2=(2x+1):3$에서

$3(-x+3)=2(2x+1)$

$-3x+9=4x+2,\ -7x=-7$　　$\therefore\ x=1$

5-2 $(x-22):3=(3x+2):5$에서

$5(x-22)=3(3x+2)$

$5x-110=9x+6,\ -4x=116$　　$\therefore\ x=-29$

기본연산 집중연습 | 13~18　　p. 86 ~ p. 89

1 A $x=3$　B $x=-1$　C $x=2$　D $x=-3$　E $x=5$
　 F $x=1$　G $x=6$　H $x=10$
　 ㉠ $x=-1$　㉡ $x=-3$　㉢ $x=6$　㉣ $x=1$　㉤ $x=10$
　 ㉥ $x=5$　㉦ $x=2$　㉧ $x=3$
　 A－㉧, B－㉠, C－㉦, D－㉡, E－㉥, F－㉣, G－㉢, H－㉤

2-1	$x=7$	**2-2**	$x=8$
2-3	$x=-3$	**2-4**	$x=8$
2-5	$x=-2$	**2-6**	$x=-4$
2-7	$x=22$	**2-8**	$x=8$
3-1	$x=-4$	**3-2**	$x=-\dfrac{5}{2}$
3-3	$x=1$	**3-4**	$x=-6$
3-5	$x=\dfrac{9}{4}$	**3-6**	$x=-8$
3-7	$x=-10$	**3-8**	$x=1$
4-1	$x=1$	**4-2**	$x=3$
4-3	$x=2$	**4-4**	$x=\dfrac{9}{5}$
4-5	$x=-2$	**4-6**	$x=-11$
4-7	$x=2$	**4-8**	$x=4$
4-9	$x=\dfrac{14}{3}$	**4-10**	$x=-\dfrac{1}{3}$
5-1	$x=-7$	**5-2**	$x=7$
5-3	$x=-18$	**5-4**	$x=-1$
5-5	$x=2$	**5-6**	$x=-1$

19 일차방정식의 활용⑴ : 수　　p. 90

1-1	$x+10,\ 2,\ 5$	**1-2**	$4x=x+9,\ x=3$
2-1	$\dfrac{x}{3}=x-8,\ x=12$	**2-2**	$2(x-5)=6,\ x=8$
3-1	2	**3-2**	8

3-1 어떤 수를 x라 하면

$5x-1=x+7,\ 4x=8$　　$\therefore\ x=2$

따라서 어떤 수는 2이다.

3-2 어떤 수를 x라 하면

$x+12=3x-4,\ -2x=-16$　　$\therefore\ x=8$

따라서 어떤 수는 8이다.

20 일차방정식의 활용 (2) : 연속하는 수   p. 91

1-1 ① $x-1, x+1$ ② $x-1, x+1, 54$
    ③ $3, 54, 18$ ④ $17, 18, 19, 54$

1-2 42

2-1 14, 16, 18   **2-2** 8

3-1 21, 23, 25   **3-2** 19

1-2 연속하는 세 정수를 $x-1, x, x+1$이라 하면
  $(x-1)+x+(x+1)=123$
  $3x=123$ $\therefore x=41$
  따라서 세 정수 중 가장 큰 수는 42이다.

2-1 연속하는 세 짝수를 $x-2, x, x+2$라 하면
  $(x-2)+x+(x+2)=48$
  $3x=48$ $\therefore x=16$
  따라서 세 짝수는 14, 16, 18이다.

2-2 연속하는 세 짝수를 $x-2, x, x+2$라 하면
  $(x-2)+x+(x+2)=30$
  $3x=30$ $\therefore x=10$
  따라서 세 짝수 중 가장 작은 수는 8이다.

3-1 연속하는 세 홀수를 $x-2, x, x+2$라 하면
  $(x-2)+x+(x+2)=69$
  $3x=69$ $\therefore x=23$
  따라서 세 홀수는 21, 23, 25이다.

3-2 연속하는 세 홀수를 $x-2, x, x+2$라 하면
  $(x-2)+x+(x+2)=51$
  $3x=51$ $\therefore x=17$
  따라서 세 홀수 중 가장 큰 수는 19이다.

21 일차방정식의 활용 (3) : 자릿수   p. 92

1-1 ② $50, 4, 3, 4(5+x)+3$
    ③ $-27, 9$ ④ $59, 59, 9$

1-2 24

2-1 74   **2-2** 86

1-2 두 자리 자연수의 십의 자리의 숫자를 x라 하면
  두 자리 자연수는 $10x+4$이고,
  각 자리의 숫자의 곱보다 16만큼 큰 수는 $4x+16$이므로
  $10x+4=4x+16$, $6x=12$ $\therefore x=2$
  따라서 구하는 두 자리 자연수는 $10 \times 2 + 4 = 24$이다.

2-1 처음 수의 일의 자리의 숫자를 x라 하면
  처음 수는 $70+x$이고 바꾼 수는 $10x+7$이다.
  이때 (바꾼 수)=(처음 수)−27이므로
  $10x+7=(70+x)-27$
  $9x=36$ $\therefore x=4$
  따라서 처음 수는 $70+4=74$이다.

2-2 처음 수의 십의 자리의 숫자를 x라 하면
  처음 수는 $10x+6$이고 바꾼 수는 $60+x$이다.
  이때 (바꾼 수)=(처음 수)−18이므로
  $60+x=(10x+6)-18$
  $-9x=-72$ $\therefore x=8$
  따라서 처음 수는 $10 \times 8 + 6 = 86$이다.

22 일차방정식의 활용 (4) : 총합이 일정한 문제   p. 93

1-1 ① $12-x, 12-x, 600(12-x)$
    ② $600(12-x)$ ③ $3200, 4$
    ④ $4, 8, 4, 8$

1-2

	우유	과자
개수(개)	x	$10-x$
총 금액(원)	$800x$	$1000(10-x)$

우유 : 4개, 과자 : 6개

1-3

	양	오리
마리 수(마리)	x	$13-x$
다리의 개수(개)	$4x$	$2(13-x)$

양 : 10마리, 오리 : 3마리

1-2 $800x+1000(10-x)=9200$
  $800x+10000-1000x=9200$
  $-200x=-800$ $\therefore x=4$
  따라서 우유는 4개를 샀고, 과자는
  $10-4=6$(개)를 샀다.

1-3 $4x+2(13-x)=46$
  $4x+26-2x=46$
  $2x=20$ $\therefore x=10$
  따라서 양은 10마리, 오리는 $13-10=3$(마리)가 있다.

23 일차방정식의 활용 (5) : 거리, 속력, 시간

p. 94 ~ p. 95

1-1 (1) 시속 2 km, $\dfrac{x}{4}$시간 (2) $\dfrac{x}{2}+\dfrac{x}{4}=\dfrac{3}{2}$ (3) 2 km

1-2 (1)

	올라갈 때	내려올 때
거리	x km	x km
속력	시속 3 km	시속 4 km
시간	$\dfrac{x}{3}$시간	$\dfrac{x}{4}$시간

(2) $\dfrac{x}{3}+\dfrac{x}{4}=\dfrac{7}{3}$ (3) 4 km

2-1 (1) $100-x$

(2)

	시속 60 km로 갈 때	시속 80 km로 갈 때
거리	$(100-x)$ km	x km
시간	$\dfrac{100-x}{60}$시간	$\dfrac{x}{80}$시간

방정식 : $\dfrac{100-x}{60}+\dfrac{x}{80}=\dfrac{3}{2}$

(3) 40 km

2-2 (1) $2000-x$

(2)

	분속 150 m로 갈 때	분속 200 m로 갈 때
거리	$(2000-x)$ m	x m
시간	$\dfrac{2000-x}{150}$분	$\dfrac{x}{200}$분

방정식 : $\dfrac{2000-x}{150}+\dfrac{x}{200}=11$

(3) 1400 m

1-1 (3) $\dfrac{x}{2}+\dfrac{x}{4}=\dfrac{3}{2}$의 양변에 4를 곱하면

$2x+x=6,\ 3x=6$ $\therefore x=2$

따라서 산책로의 길이는 2 km이다.

1-2 (3) $\dfrac{x}{3}+\dfrac{x}{4}=\dfrac{7}{3}$의 양변에 12를 곱하면

$4x+3x=28,\ 7x=28$ $\therefore x=4$

따라서 등산로의 길이는 4 km이다.

2-1 (3) $\dfrac{100-x}{60}+\dfrac{x}{80}=\dfrac{3}{2}$의 양변에 240을 곱하면

$4(100-x)+3x=360$

$400-4x+3x=360,\ -x=-40$

$\therefore x=40$

따라서 시속 80 km로 달린 거리는 40 km이다.

2-2 (3) $\dfrac{2000-x}{150}+\dfrac{x}{200}=11$의 양변에 600을 곱하면

$4(2000-x)+3x=6600$

$8000-4x+3x=6600$

$-x=-1400$ $\therefore x=1400$

따라서 분속 200 m로 달린 거리는 1400 m이다.

STEP 2

기본연산 집중연습 | 19~23

p. 96 ~ p. 97

1-1 17 | **1-2** 6
1-3 26 | **1-4** 25
2-1 57 | **2-2** 63
2-3 8마리 | **2-4** 14개
3-1 4 cm | **3-2** 8 cm

3-3

	갈 때	올 때
거리	x km	x km
속력	시속 60 km	시속 30 km
시간	$\dfrac{x}{60}$시간	$\dfrac{x}{30}$시간

60 km

3-4

	올라갈 때	내려올 때
거리	x km	$(x+3)$ km
속력	시속 3 km	시속 4 km
시간	$\dfrac{x}{3}$시간	$\dfrac{x+3}{4}$시간

3 km

3-5 1860 m | **3-6** 60 km

1-1 어떤 수를 x라 하면

$3x-8=x+26$

$2x=34$ $\therefore x=17$

따라서 어떤 수는 17이다.

1-2 어떤 수를 x라 하면

$\dfrac{1}{3}x+22=4x$

$x+66=12x,\ -11x=-66$ $\therefore x=6$

따라서 어떤 수는 6이다.

1-3 연속하는 세 짝수를 $x-2,\ x,\ x+2$라 하면

$(x-2)+x+(x+2)=84$

$3x=84$ $\therefore x=28$

따라서 세 짝수 중 가장 작은 수는 26이다.

1-4 연속하는 세 홀수를 $x-2,\ x,\ x+2$라 하면

$(x-2)+x+(x+2)=75$

$3x=75$ $\therefore x=25$

따라서 세 홀수 중 가운데 수는 25이다.

2-1 처음 수의 일의 자리의 숫자를 x라 하면

처음 수는 $50+x$이고 바꾼 수는 $10x+5$이므로

$10x+5=(50+x)+18$

$9x=63$ $\therefore x=7$

따라서 처음 수는 57이다.

2-2 두 자리 자연수의 일의 자리의 숫자를 x라 하면
십의 자리의 숫자는 $x+3$이므로
$10(x+3)+x=\{(x+3)+x)\}\times 7$
$10x+30+x=14x+21$
$-3x=-9$ $\therefore x=3$
따라서 구하는 자연수는 $10\times(3+3)+3=63$이다.

2-3 돼지를 x마리라 하면 닭은 $(20-x)$마리이므로
$2(20-x)+4x=56$
$40-2x+4x=56, 2x=16$ $\therefore x=8$
따라서 돼지는 8마리이다.

2-4 구입한 아이스크림의 개수를 x개라 하면
음료수의 개수는 $(30-x)$개이므로
$1500x+1000(30-x)=37000$
$1500x+30000-1000x=37000$
$500x=7000$ $\therefore x=14$
따라서 구입한 아이스크림의 개수는 14개이다.

3-1 사다리꼴의 윗변의 길이를 x cm라 하면
$\frac{1}{2}\times(x+8)\times 5=30$
$5x+40=60, 5x=20$ $\therefore x=4$
따라서 사다리꼴의 윗변의 길이는 4 cm이다.

3-2 사다리꼴의 윗변의 길이를 x cm라 하면
아랫변의 길이는 $(x+4)$ cm이므로
$\frac{1}{2}\times\{x+(x+4)\}\times 6=60$
$3(2x+4)=60$
$6x+12=60, 6x=48$ $\therefore x=8$
따라서 사다리꼴의 윗변의 길이는 8 cm이다.

3-3 $\frac{x}{60}+\frac{x}{30}=3$에서
$x+2x=180, 3x=180$ $\therefore x=60$
따라서 두 지점 A, B 사이의 거리는 60 km이다.

3-4 $\frac{x}{3}+\frac{x+3}{4}=\frac{5}{2}$에서
$4x+3(x+3)=30, 7x=21$ $\therefore x=3$
따라서 올라간 거리는 3 km이다.

3-5 자전거를 타고 간 거리를 x m라 하면
걸어서 간 거리는 $(2000-x)$ m이므로
$\frac{x}{180}+\frac{2000-x}{30}=15$
$x+6(2000-x)=2700$
$x+12000-6x=2700$
$-5x=-9300$ $\therefore x=1860$
따라서 자전거를 타고 간 거리는 1860 m이다.

3-6 집에서 여행지까지의 거리를 x km라 하면
$\frac{x}{60}-\frac{x}{90}=\frac{1}{3}$
$3x-2x=60$ $\therefore x=60$
따라서 집에서 여행지까지의 거리는 60 km이다.

STEP 3

기본연산 테스트 p. 98 ~ p. 99

1 (1) ○ (2) × (3) ○ (4) × (5) ×
2 (1) × (2) × (3) × (4) × (5) ○
3 $a=-4, b=3$
4 (1) ○ (2) ○ (3) × (4) ○ (5) ○
5 (1) $x=-13$ (2) $x=8$ (3) $x=-9$ (4) $x=3$
6 ⓒ, ⓜ
7 (1) $x=3$ (2) $x=-1$ (3) $x=-16$ (4) $x=1$
  (5) $x=6$ (6) $x=9$ (7) $x=7$
8 13   **9** 12
10 6골   **11** 200 km

---

2 (1) $2x=x+9$에 $x=3$을 대입하면
    $2\times3\neq3+9$ (거짓)
  (2) $3x+1=8$에 $x=3$을 대입하면
    $3\times3+1\neq8$ (거짓)
  (3) $4x=x+3$에 $x=3$을 대입하면
    $4\times3\neq3+3$ (거짓)
  (4) $2x-3=x+6$에 $x=3$을 대입하면
    $2\times3-3\neq3+6$ (거짓)
  (5) $2-x=x-4$에 $x=3$을 대입하면
    $2-3=3-4$ (참)

3 $3x+2a=bx-8$이 x에 대한 항등식이 되려면
  $3=b, 2a=-8$ $\therefore a=-4, b=3$

4 (3) $\frac{a}{4}=\frac{b}{5}$의 양변에 16을 곱하면
    $\frac{a}{4}\times16=\frac{b}{5}\times16$
    $4a=\frac{16}{5}b$

5 (1) $x+5=-8$

$\quad$ $x+5-5=-8-5$ ⟵ 양변에서 5를 뺀다.

$\quad$ $\therefore x=-13$

(2) $3x=24$

$\quad$ $\dfrac{3x}{3}=\dfrac{24}{3}$ ⟵ 양변을 3으로 나눈다.

$\quad$ $\therefore x=8$

(3) $2x+7=-11$

$\quad$ $2x+7-7=-11-7$ ⟵ 양변에서 7을 뺀다.

$\quad\quad\quad 2x=-18$

$\quad\quad\quad \dfrac{2x}{2}=\dfrac{-18}{2}$ ⟵ 양변을 2로 나눈다.

$\quad\quad\quad \therefore x=-9$

(4) $\dfrac{5x-1}{2}=7$

$\quad$ $\dfrac{5x-1}{2}\times 2=7\times 2$ ⟵ 양변에 2를 곱한다.

$\quad\quad\quad 5x-1=14$

$\quad\quad\quad 5x-1+1=14+1$ ⟵ 양변에 1을 더한다.

$\quad\quad\quad\quad 5x=15$

$\quad\quad\quad\quad \dfrac{5x}{5}=\dfrac{15}{5}$ ⟵ 양변을 5로 나눈다.

$\quad\quad\quad\quad \therefore x=3$

6 ㉠ $x+1$ (일차식)

ㄴ $x^2-1=1$에서 $x^2-2=0$ (일차방정식이 아니다.)

ㄷ $\dfrac{1}{4}x-3=-4$에서 $\dfrac{1}{4}x+1=0$ (일차방정식)

ㄹ $2x-1=2x$에서 $-1=0$ (일차방정식이 아니다.)

ㅁ $3x^2+x=3x^2-5$에서 $x+5=0$ (일차방정식)

따라서 일차방정식은 ㄷ, ㅁ이다.

7 (1) $5x-2=13$에서

$\quad$ $5x=15$ $\quad \therefore x=3$

(2) $2(5x+2)=3(x-1)$에서

$\quad$ $10x+4=3x-3$

$\quad$ $7x=-7$ $\quad \therefore x=-1$

(3) $0.5x+2=0.3x-1.2$의 양변에 10을 곱하면

$\quad$ $5x+20=3x-12$

$\quad$ $2x=-32$ $\quad \therefore x=-16$

(4) $\dfrac{4x+2}{3}=2$의 양변에 3을 곱하면

$\quad$ $4x+2=6$

$\quad$ $4x=4$ $\quad \therefore x=1$

(5) $\dfrac{5}{6}x-\dfrac{1}{2}=\dfrac{3}{4}x$의 양변에 분모의 최소공배수 12를 곱하면

$\quad$ $10x-6=9x$ $\quad \therefore x=6$

(6) $\dfrac{1}{6}x-1=\dfrac{x-5}{8}$의 양변에 분모의 최소공배수 24를 곱하면

$\quad$ $4x-24=3(x-5)$

$\quad$ $4x-24=3x-15$ $\quad \therefore x=9$

(7) $0.7x-0.5=\dfrac{2}{5}(x+4)$의 양변에 10을 곱하면

$\quad$ $7x-5=4(x+4)$

$\quad$ $7x-5=4x+16$

$\quad$ $3x=21$ $\quad \therefore x=7$

8 $(2x+7):(x-1)=11:4$에서

$\quad$ $4(2x+7)=11(x-1)$

$\quad$ $8x+28=11x-11$

$\quad$ $-3x=-39$ $\quad \therefore x=13$

9 연속하는 세 짝수를 $x-2$, x, $x+2$라 하면

$\quad$ $(x-2)+x+(x+2)=2(x+2)+6$

$\quad$ $3x=2x+4+6$ $\quad \therefore x=10$

따라서 세 짝수 중 가장 큰 수는 12이다.

10 선수가 경기에서 넣은 3점짜리 슛을 x골이라 하면 2점짜리 슛은 $(9-x)$골이다.

$\quad$ $2(9-x)+3x=24$

$\quad$ $18-2x+3x=24$ $\quad \therefore x=6$

따라서 3점짜리 슛을 6골 넣었다.

11 두 도시 A, B 사이의 거리를 x km라 하면

$\quad$ $\dfrac{x}{100}+\dfrac{x}{80}=\dfrac{9}{2}$

$\quad$ $4x+5x=1800$

$\quad$ $9x=1800$ $\quad \therefore x=200$

따라서 두 도시 A, B 사이의 거리는 200 km이다.

3

좌표평면과 그래프

STEP 1

01 수직선 위의 점의 좌표 p. 102

1-1 $-\dfrac{5}{2}, -1, 1, 3$

1-2 $A(-4), B(-1), C\left(\dfrac{7}{2}\right), D(4)$

2-1 $A(-3), B\left(-\dfrac{5}{3}\right), C(0), D\left(\dfrac{3}{2}\right)$

2-2 $A\left(-\dfrac{7}{2}\right), B\left(-\dfrac{3}{4}\right), C(2), D\left(\dfrac{8}{3}\right)$

3-1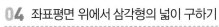

3-2

4-1

4-2

02 좌표평면 위의 점의 좌표 p. 103 ~ p. 104

1-1 $-3, -5, 2, 0, 2, 0$

1-2 $A(-2, 3), B(-3, -2), C(1, 2), D(3, -3), E(5, 1)$

2-1 $A(-5, 5), B(0, 0), C(-2, -2), D(4, -3), E(5, 3)$

2-2 $A(2, 3), B(2, -2), C(2, 0), D(-1, 3), E(-3, -4)$

3-1 $A(3, 2), B(0, 3), C(-3, 4), D(-2, 0), E(-2, -3)$

3-2 $A(-4, 4), B(3, 0), C(-3, -1), D(3, -4), E(0, -5)$

4-1 5 **4-2** $B(4, -1)$

5-1 $C(1, 9)$ **5-2** $D(-2, -2)$

6-1 $E(6, 0)$ **6-2** $F(0, -5)$

7-1 $G(-4, 0)$ **7-2** $H(0, 2)$

03 좌표평면 위에 점 나타내기 p. 105 ~ p. 106

1-1 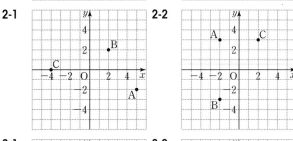 **1-2**

2-1 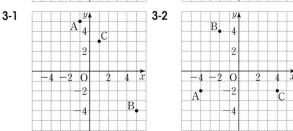 **2-2**

3-1 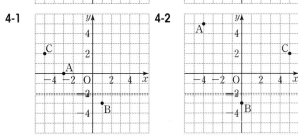 **3-2**

4-1 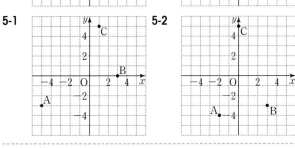 **4-2**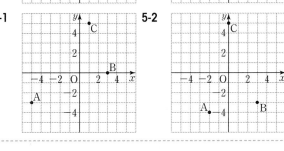

5-1 **5-2**

04 좌표평면 위에서 삼각형의 넓이 구하기 p. 107

1-1 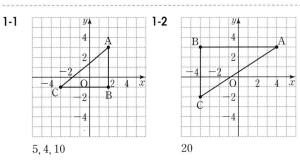 **1-2**

5, 4, 10   20

2-1

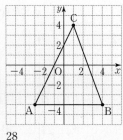

28

2-2

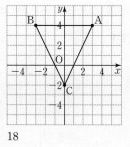

18

1-2 (삼각형 ABC의 넓이)

$$=\frac{1}{2}\times8\times5=20$$

2-1 삼각형 ABC의 밑변을 선분 AB로 하면
밑변의 길이는 7, 높이는 8이므로
(삼각형 ABC의 넓이)

$$=\frac{1}{2}\times7\times8=28$$

2-2 삼각형 ABC의 밑변을 선분 AB로 하면
밑변의 길이는 6, 높이는 6이므로
(삼각형 ABC의 넓이)

$$=\frac{1}{2}\times6\times6=18$$

기본연산 집중연습 | 01~04   p. 108 ~ p. 109

1-1 $A(2,4), B(-4,5), C(0,0), D(-3,0), E(4,-3)$

1-2 $A(4,1), B(0,1), C(-3,2), D(-4,-2), E(3,-5)$

2-1

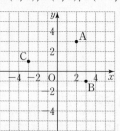

2-2

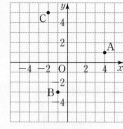

2-3

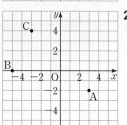

2-4

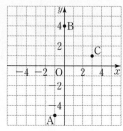

3

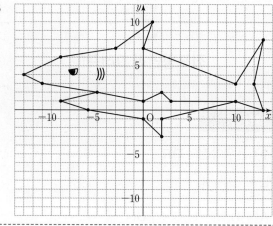

05 사분면 위의 점 (1)   p. 110 ~ p. 111

1-1

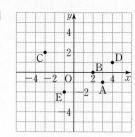

(1) 제4사분면

(2) 어느 사분면에도 속하지 않는다.

(3) 제2사분면

(4) 제1사분면

(5) 제3사분면

1-2

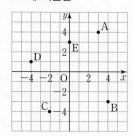

(1) 제1사분면

(2) 제4사분면

(3) 제3사분면

(4) 제2사분면

(5) 어느 사분면에도 속하지 않는다.

2-1 2		**2-2** 제3사분면	
3-1 제4사분면		**3-2** 제1사분면	
4-1 제3사분면		**4-2** 제2사분면	
5-1 제1사분면		**5-2** 제4사분면	

6-1 y, 어느 사분면에도 속하지 않는다.

6-2 어느 사분면에도 속하지 않는다.

7-1 어느 사분면에도 속하지 않는다.

7-2 어느 사분면에도 속하지 않는다.

06 사분면 위의 점 (2)

p. 112

1-1 제4사분면   **1-2** $-$, $-$, 제3사분면

2-1 $+$, $+$, 제1사분면   **2-2** $-$, $+$, 제2사분면

3-1 제3사분면   **3-2** $+$, $+$, 제1사분면

4-1 $-$, $-$, 제3사분면   **4-2** $-$, $+$, 제2사분면

5-1 $+$, $-$, 제4사분면   **5-2** $+$, $-$, 제4사분면

07 그래프 그리기

p. 113

1-1 (1) 2, 4, 3, 6, 4, 8, 5, 10

(2)

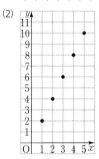

1-2 (1) $(1, 2)$, $(2, 5)$, $(3, 7)$, $(4, 8)$, $(5, 11)$

(2)

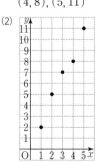

08 그래프 해석하기

p. 114 ~ p. 115

1-1 (1) ⓒ (2) ⓔ (3) ⓛ (4) ⓞ

2-1 (1) 2, 2 (2) 10분 후 (3) 10분 (4) 4 km

2-2 (1) 500 m (2) 12분 (3) 2분

1-1 (2) 시간이 지남에 따라 그네의 높이가 높아지고 낮아지
는 것을 반복하므로 그래프로 가장 알맞은 것은 ⓔ이
다.

(3) 출발점에서 반환점까지 갈 때에는 시간이 지남에 따
라 출발점으로부터의 거리가 일정하게 멀어지고, 반
환점에서 출발점으로 돌아올 때에는 시간이 지남에
따라 출발점으로부터의 거리가 일정하게 가까워진다.
따라서 그래프로 가장 알맞은 것은 ⓛ이다.

(4) 시간이 지남에 따라 물통의 물의 높이는 일정하게 높
아지므로 그래프로 가장 알맞은 것은 ⓞ이다.

2-1 (2) y좌표가 1인 점의 좌표는 $(10, 1)$이므로 태양이가 집
으로부터 1 km 이동하였을 때는 집에서 출발한 지 10
분 후이다.

(3) x의 값이 20에서 30으로 증가할 때, y의 값이 2로 일
정하므로 태양이는 10분 동안 이야기를 하였다.

(4) x좌표가 40인 점의 좌표는 $(40, 4)$이므로 태양이네
집에서 서점까지의 거리는 4 km이다.

2-2 (1) x좌표가 6인 점의 좌표는 $(6, 500)$이므로 진구가 집
에서 출발한 지 6분 후 집으로부터 진구까지의 거리는
500 m이다.

(2) x의 값이 6에서 18까지 증가할 때, y의 값은 500으로
일정하므로 진구는 12분 동안 문구점에 머물렀다.

(3) x의 값이 18에서 20까지 증가할 때, y의 값은 500에
서 0까지 감소하므로 진구가 문구점에서 집으로 돌아
오는 데 걸린 시간은 2분이다.

기본연산 집중연습 | 05~08   p. 116 ~ p. 117

1-1 제1사분면
1-2 제4사분면
1-3 제3사분면
1-4 제2사분면
1-5 어느 사분면에도 속하지 않는다.
1-6 어느 사분면에도 속하지 않는다.
1-7 제1사분면
1-8 제3사분면
1-9 어느 사분면에도 속하지 않는다.
2-1 제2사분면
2-2 제1사분면
2-3 제4사분면
2-4 제3사분면
2-5 제4사분면
2-6 제2사분면
3 아리, 수민

2-1 $(a, b) \Rightarrow (-, +)$ ∴ 제2사분면

2-2 $(-a, b) \Rightarrow (+, +)$ ∴ 제1사분면

2-3 $(b, a) \Rightarrow (+, -)$ ∴ 제4사분면

2-4 $(a, -b) \Rightarrow (-, -)$ ∴ 제3사분면

2-5 $(-a, -b) \Rightarrow (+, -)$ ∴ 제4사분면

2-6 $(-b, -a) \Rightarrow (-, +)$ ∴ 제2사분면

09 정비례 관계   p. 118 ~ p. 120

1-1 (1) 12, 18, 24 (2) 정비례, 6
1-2 (1) 180, 360, 540, 720 (2) $y=180x$
2-1 (1) 300, 600, 900, 1200 (2) $y=300x$
2-2 (1) 5, 10, 15, 20 (2) $y=5x$
3-1 4, 4   **3-2** $y=3x$
4-1 $y=10x$ **4-2** $y=5x$
5-1 $y=1500x$ **5-2** $y=15x$
6-1 $y=4x$ **6-2** $y=10x$
7-1 $y=2000x$ **7-2** $y=2x$
8-1 $y=5x$ **8-2** $y=2x$
9-1 ○   **9-2** ×
10-1 ×   **10-2** ○
11-1 ○   **11-2** ×
12-1 3, 3   **12-2** $y=-4x$
13-1 $y=-3x$ **13-2** $y=\dfrac{3}{2}x$

1-2 (2) y는 x에 정비례하고, y의 값이 x의 값의 180배이므로 x와 y 사이의 관계식은 $y=180x$이다.

2-1 (2) y는 x에 정비례하고, y의 값이 x의 값의 300배이므로 x와 y 사이의 관계식은 $y=300x$이다.

2-2 (2) y는 x에 정비례하고, y의 값이 x의 값의 5배이므로 x와 y 사이의 관계식은 $y=5x$이다.

3-2 (정삼각형의 둘레의 길이)$=3\times($ 한 변의 길이)이므로 $y=3x$

4-1 (직사각형의 넓이)$=($ 가로의 길이)$\times($ 세로의 길이)이므로 $y=10x$

4-2 (삼각형의 넓이)$=\dfrac{1}{2}\times($ 밑변의 길이)$\times($ 높이)이므로
$y=\dfrac{1}{2}\times10\times x=5x$

8-2 (거리)$=($ 속력)$\times($ 시간)이므로 $y=2x$

12-2 y가 x에 정비례하므로 관계식을 $y=ax$로 놓고
$x=2, y=-8$을 대입하면
$-8=a\times2$ ∴ $a=-4$, 즉 $y=-4x$

13-1 y가 x에 정비례하므로 관계식을 $y=ax$로 놓고
$x=-5, y=15$를 대입하면
$15=a\times(-5)$ ∴ $a=-3$, 즉 $y=-3x$

13-2 y가 x에 정비례하므로 관계식을 $y=ax$로 놓고
$x=-4, y=-6$을 대입하면
$-6=a\times(-4)$ ∴ $a=\dfrac{3}{2}$, 즉 $y=\dfrac{3}{2}x$

10 정비례 관계의 그래프 그리기 (1)

p. 121 ~ p. 122

1-1 (1) $-6, -3, 0, 3, 6$

(2), (3)

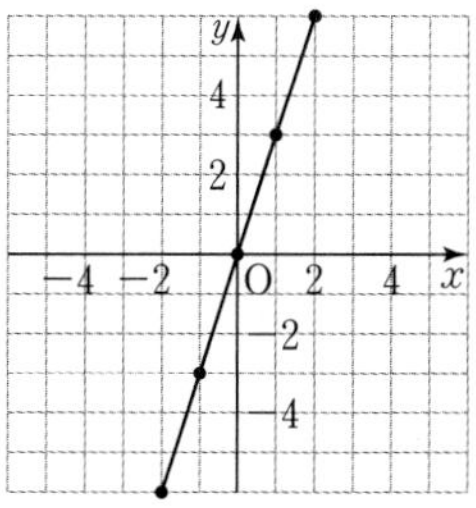

1-2 (1) $6, 3, 0, -3, -6$

(2), (3)

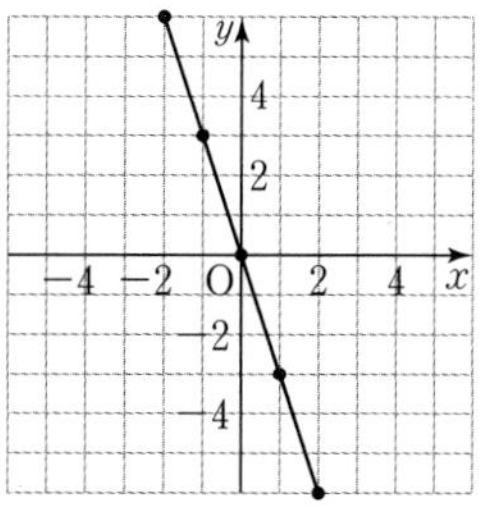

2-1 (1) $-2, -1, 0, 1, 2$

(2)

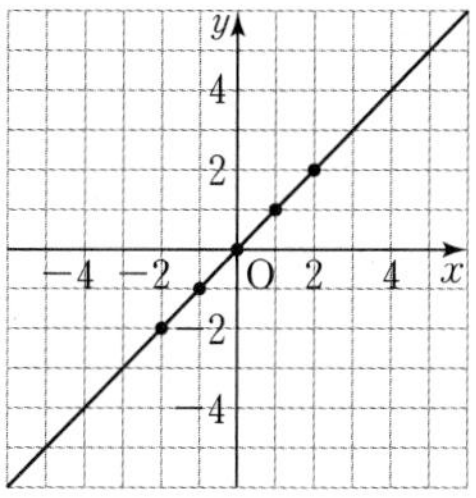

2-2 (1) $2, 1, 0, -1, -2$

(2)

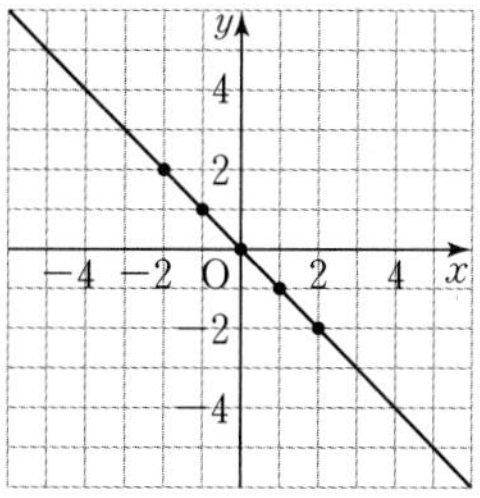

3-1 (1) $-2, -1, 0, 1, 2$

(2)

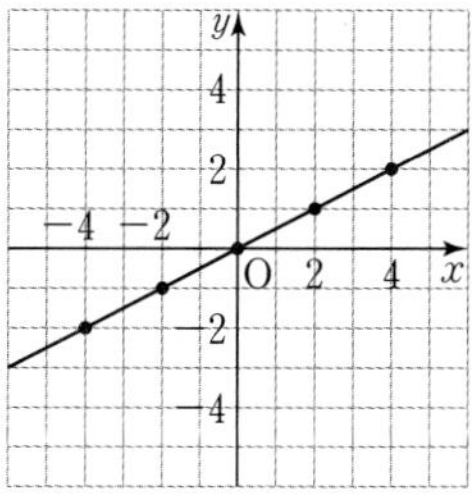

3-2 (1) $2, 1, 0, -1, -2$

(2)

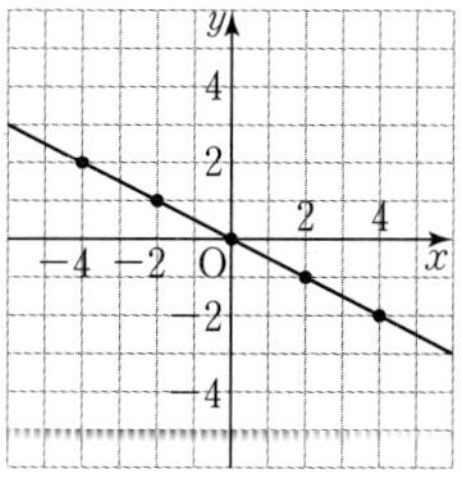

11 정비례 관계의 그래프 그리기 (2)

p. 123 ~ p. 124

1-1 ① 0 ② 1, 1, 1

③ 직선

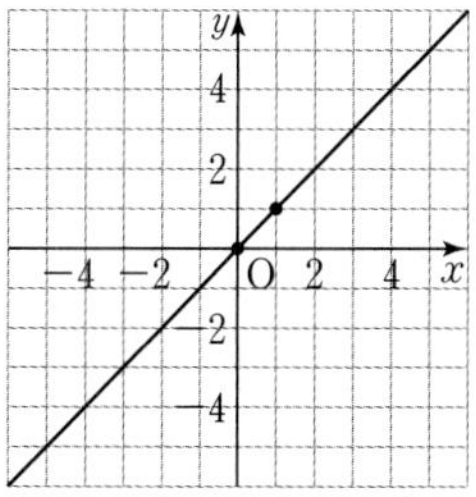

1-2 ① 0 ② $-1, 1, -1$

③ 직선

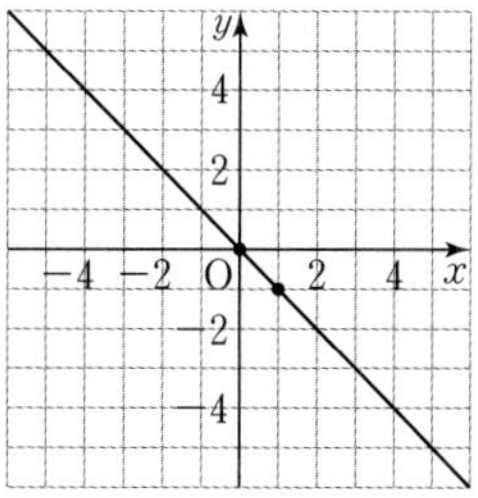

2-1 0, 4

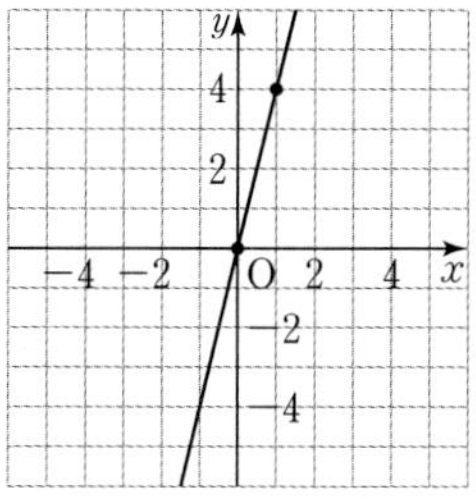

2-2 $0, -3$

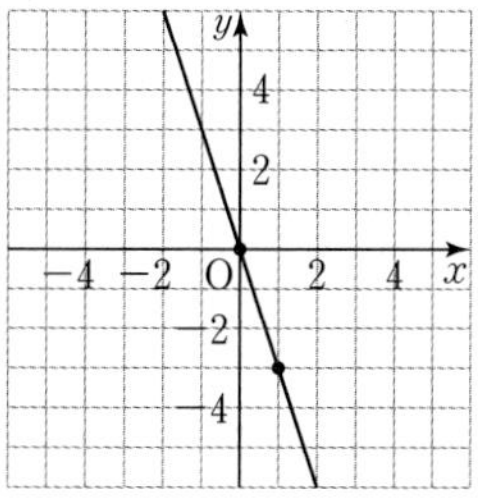

3-1 0, 1

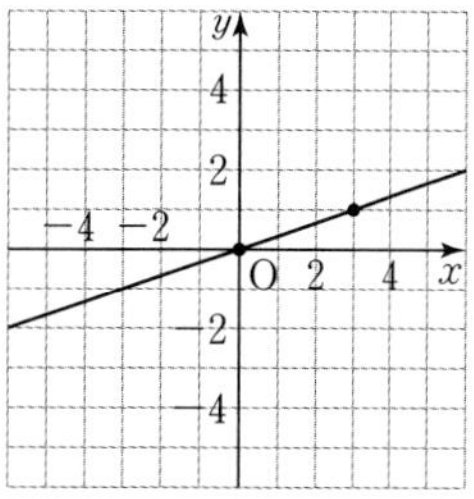

3-2 $0, -2$

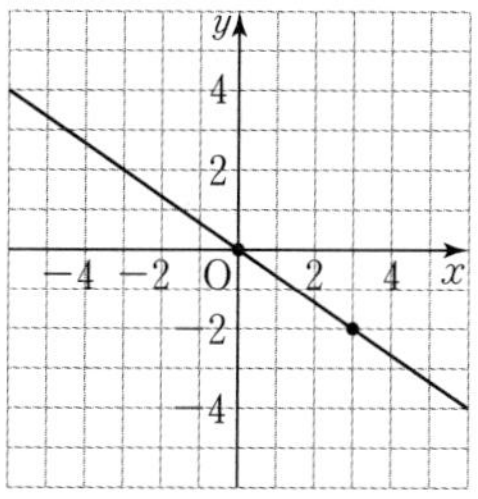

4-1 $0, -3$

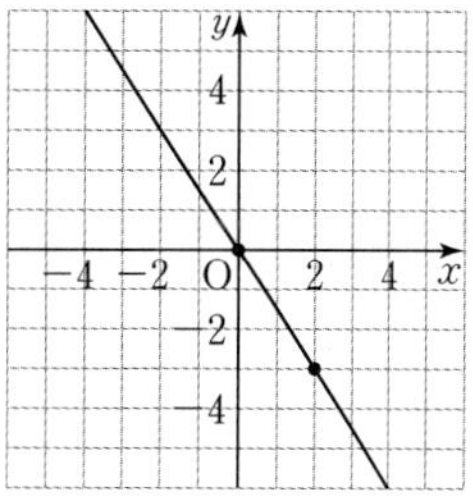

4-2 0, 3

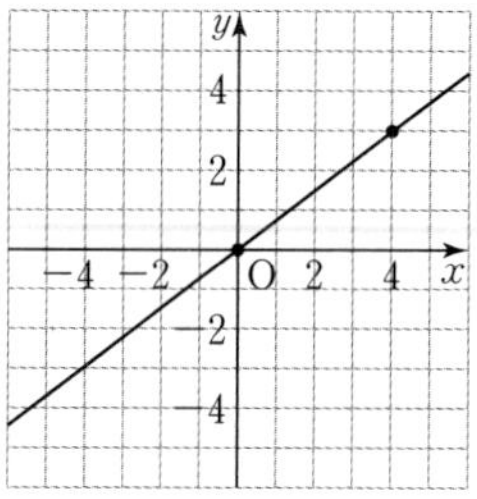

12 정비례 관계의 그래프의 성질

p. 125 ~ p. 127

1-1

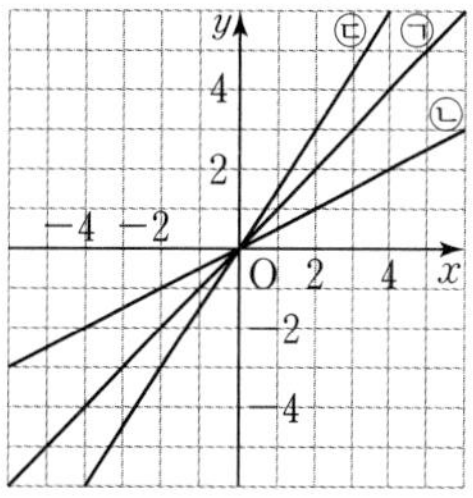

(1) ㉠, ㉡, ㉢

(2) ㉠, ㉡, ㉢

(3) ㉢

1-2

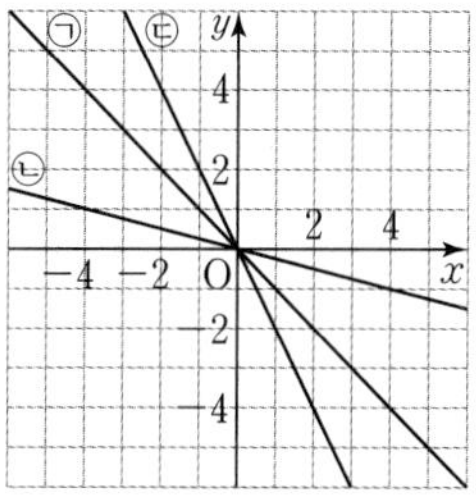

(1) ㉠, ㉡, ㉢

(2) ㉠, ㉡, ㉢

(3) ㉢

2-1 연구 1, 3, 증가

2-2 1, 3, 증가

3-1 1, 3, 증가

3-2 2, 4, 감소

4-1 2, 4, 감소

4-2 2, 4, 감소

5-1 1, 3, 증가

5-2 2, 4, 감소

6-1 2, 4, 감소

6-2 1, 3, 증가

7-1 1, 3, 증가

7-2 2, 4, 감소

8-1 2, 4, 감소

8-2 2, 4, 감소

9-1 (1) ○ (2) × (3) ○ (4) ○

9-2 (1) × (2) ○ (3) ○ (4) ×

10-1 (1) × (2) ○ (3) ○ (4) ×

10-2 (1) ○ (2) ○ (3) ○ (4) ×

9-1 (2) $y=2x$에 $x=2$, $y=1$을 대입하면
$1\neq 2\times 2$ ➡ 점 $(2, 1)$을 지나지 않는다.

9-2 (1) 원점을 지난다.
(4) $-4<0$이므로 오른쪽 아래로 향하는 직선이다.

10-1 (1) 원점을 지난다.
(4) $\dfrac{3}{4}>0$이므로 제1사분면과 제3사분면을 지난다.

10-2 (4) $-\dfrac{3}{2}<0$이므로 x의 값이 증가하면 y의 값은 감소한다.

3

$y=3x$	$y=10x$	$y=-x$	$y=-\dfrac{1}{3}x$	$y=\dfrac{7}{x}$
$y=\dfrac{2}{x}$	$\dfrac{y}{x}=4$	$xy=10$	$y=-2x$	$y=2x+1$
$y=3x-1$	$y=\dfrac{1}{4}x$	$y=\dfrac{1}{x}$	$y=x$	$y=-x-1$
$y=-3x$	$y=5x$	$y=8x$	$\dfrac{y}{x}=1$	$y=\dfrac{x}{10}$
$y=-\dfrac{10}{x}$	$y=1$	$y=\dfrac{x}{6}$	$xy=\dfrac{1}{3}$	$xy=-1$
$y=x^2$	$y=-9x$	$\dfrac{y}{x}=2$	$\dfrac{x}{y}=6$	$y=\dfrac{3}{x}$
$x=3$	$\dfrac{x}{y}=\dfrac{1}{2}$	$\dfrac{1}{y}=x$	$y=-8x$	$y=\dfrac{1}{x}-1$
$xy=4$	$y=-\dfrac{x}{5}$	$y=4x$	$\dfrac{y}{x}=7$	$y=-\dfrac{1}{x}$

STEP 2

기본연산 집중연습 | 09~12   p. 128 ~ p. 129

1-1 $0, 5$ **1-2** $0, -4$

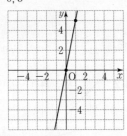 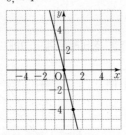

1-3 $0, 2$ **1-4** $0, -5$

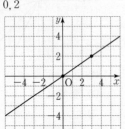 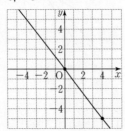

2-1 (1) × (2) ○ (3) × (4) ○ (5) ○
2-2 (1) ○ (2) × (3) ○ (4) × (5) ○
3 꿈

2-1 (1) $y=x$에 $x=1$, $y=-1$을 대입하면
$-1\neq 1$ ➡ 점 $(1, -1)$을 지나지 않는다.
(3) $1>0$이므로 x의 값이 증가하면 y의 값도 증가한다.

2-2 (2) $-\dfrac{1}{3}<0$이므로 제2사분면과 제4사분면을 지난다.
(4) 원점을 지난다.

STEP 1

13 정비례 관계의 그래프 위의 점   p. 130

1-1 10 **1-2** -6
2-1 2 **2-2** 1
3-1 $\dfrac{1}{2}$ **3-2** -5
4-1 3 **4-2** -1

1-1 $y=-5x$에 $x=-2$, $y=a$를 대입하면
$a=-5\times(-2)=10$

1-2 $y=\dfrac{3}{2}x$에 $x=-4$, $y=a$를 대입하면
$a=\dfrac{3}{2}\times(-4)=-6$

2-1 $y=4x$에 $x=\dfrac{1}{2}$, $y=a$를 대입하면
$a=4\times\dfrac{1}{2}=2$

2-2 $y=-3x$에 $x=-\dfrac{1}{3}$, $y=a$를 대입하면
$a=-3\times\left(-\dfrac{1}{3}\right)=1$

3-1 $y=6x$에 $x=a$, $y=3$을 대입하면
$3=6\times a$ $\therefore a=\dfrac{1}{2}$

3-2 $y=-2x$에 $x=a$, $y=10$을 대입하면
$$10=-2\times a \qquad \therefore a=-5$$

4-1 $y=\dfrac{2}{3}x$에 $x=a$, $y=2$를 대입하면
$$2=\dfrac{2}{3}\times a \qquad \therefore a=3$$

4-2 $y=-\dfrac{1}{4}x$에 $x=a$, $y=\dfrac{1}{4}$을 대입하면
$$\dfrac{1}{4}=-\dfrac{1}{4}\times a \qquad \therefore a=-1$$

5-1 $y=ax$에 $x=\dfrac{1}{2}$, $y=5$를 대입하면
$$5=a\times\dfrac{1}{2} \qquad \therefore a=10$$

5-2 $y=ax$에 $x=-\dfrac{2}{3}$, $y=4$를 대입하면
$$4=a\times\left(-\dfrac{2}{3}\right) \qquad \therefore a=-6$$

14 정비례 관계의 그래프의 식 구하기 (1)   p. 131

1-1	2	**1-2**	$-\dfrac{5}{2}$
2-1	$-\dfrac{3}{2}$	**2-2**	-3
3-1	$\dfrac{5}{3}$	**3-2**	4
4-1	2	**4-2**	$\dfrac{1}{3}$
5-1	10	**5-2**	-6

1-2 $y=ax$에 $x=2$, $y=-5$를 대입하면
$$-5=a\times 2 \qquad \therefore a=-\dfrac{5}{2}$$

2-1 $y=ax$에 $x=-2$, $y=3$을 대입하면
$$3=a\times(-2) \qquad \therefore a=-\dfrac{3}{2}$$

2-2 $y=ax$에 $x=1$, $y=-3$을 대입하면
$$-3=a\times 1 \qquad \therefore a=-3$$

3-1 $y=ax$에 $x=-3$, $y=-5$를 대입하면
$$-5=a\times(-3) \qquad \therefore a=\dfrac{5}{3}$$

3-2 $y=ax$에 $x=-2$, $y=-8$을 대입하면
$$-8=a\times(-2) \qquad \therefore a=4$$

4-1 $y=ax$에 $x=-3$, $y=-6$을 대입하면
$$-6=a\times(-3) \qquad \therefore a=2$$

4-2 $y=ax$에 $x=6$, $y=2$를 대입하면
$$2=a\times 6 \qquad \therefore a=\dfrac{1}{3}$$

15 정비례 관계의 그래프의 식 구하기 (2)   p. 132 ~ p. 133

1-1	$2, 2, -\dfrac{2}{3}$	**1-2**	$\dfrac{2}{3}$
2-1	$-\dfrac{3}{4}$	**2-2**	$\dfrac{3}{4}$
3-1	$\dfrac{1}{3}$	**3-2**	3
4-1	$-2, -3, \dfrac{3}{2}, y=\dfrac{3}{2}x$	**4-2**	$y=-\dfrac{3}{2}x$
5-1	$y=4x$	**5-2**	$y=\dfrac{1}{4}x$
6-1	$y=\dfrac{5}{3}x$	**6-2**	$y=-\dfrac{3}{5}x$

1-2 그래프가 점 $(3, 2)$를 지나므로
$y=ax$에 $x=3$, $y=2$를 대입하면
$$2=a\times 3 \qquad \therefore a=\dfrac{2}{3}$$

2-1 그래프가 점 $(-4, 3)$을 지나므로
$y=ax$에 $x=-4$, $y=3$을 대입하면
$$3=a\times(-4) \qquad \therefore a=-\dfrac{3}{4}$$

2-2 그래프가 점 $(4, 3)$을 지나므로
$y=ax$에 $x=4$, $y=3$을 대입하면
$$3=a\times 4 \qquad \therefore a=\dfrac{3}{4}$$

3-1 그래프가 점 $(-3, -1)$을 지나므로
$y=ax$에 $x=-3$, $y=-1$을 대입하면
$$-1=a\times(-3) \qquad \therefore a=\dfrac{1}{3}$$

3-2 그래프가 점 $(1, 3)$을 지나므로
$y=ax$에 $x=1$, $y=3$을 대입하면
$$3=a\times 1 \qquad \therefore a=3$$

4-2 그래프가 원점을 지나는 직선이므로 그래프의 식을
$y=ax(a \neq 0)$로 놓자.
이때 그래프가 점 $(2, -3)$을 지나므로
$y=ax$에 $x=2, y=-3$을 대입하면
$$-3=a \times 2 \qquad \therefore a=-\frac{3}{2}$$
따라서 그래프의 식은 $y=-\frac{3}{2}x$

5-1 그래프가 원점을 지나는 직선이므로 그래프의 식을
$y=ax(a \neq 0)$로 놓자.
이때 그래프가 점 $(-1, -4)$를 지나므로
$y=ax$에 $x=-1, y=-4$를 대입하면
$$-4=a \times (-1) \qquad \therefore a=4$$
따라서 그래프의 식은 $y=4x$

5-2 그래프가 원점을 지나는 직선이므로 그래프의 식을
$y=ax(a \neq 0)$로 놓자.
이때 그래프가 점 $(4, 1)$을 지나므로
$y=ax$에 $x=4, y=1$을 대입하면
$$1=a \times 4 \qquad \therefore a=\frac{1}{4}$$
따라서 그래프의 식은 $y=\frac{1}{4}x$

6-1 그래프가 원점을 지나는 직선이므로 그래프의 식을
$y=ax(a \neq 0)$로 놓자.
이때 그래프가 점 $(3, 5)$를 지나므로
$y=ax$에 $x=3, y=5$를 대입하면
$$5=a \times 3 \qquad \therefore a=\frac{5}{3}$$
따라서 그래프의 식은 $y=\frac{5}{3}x$

6-2 그래프가 원점을 지나는 직선이므로 그래프의 식을
$y=ax(a \neq 0)$로 놓자.
이때 그래프가 점 $(5, -3)$을 지나므로
$y=ax$에 $x=5, y=-3$을 대입하면
$$-3=a \times 5 \qquad \therefore a=-\frac{3}{5}$$
따라서 그래프의 식은 $y=-\frac{3}{5}x$

16 정비례 관계의 그래프의 식 구하기 (3) p. 134 ~ p. 135

1-1 $6, 6, 6, \frac{2}{3}$ **1-2** $-3, -5$

2-1 $-\frac{1}{3}, 6$ **2-2** $\frac{1}{2}, -10$

3-1 $1, -3$ **3-2** $\frac{1}{3}, -\frac{2}{3}$

4-1 $\frac{5}{2}, 5$ **4-2** $-\frac{1}{2}, 3$

5-1 (1) $\frac{3}{2}, \frac{3}{2}$ (2) $\frac{3}{2}, -2, -\frac{4}{3}$

5-2 (1) $y=-2x$ (2) -1

6-1 (1) $y=-\frac{4}{3}x$ (2) $\frac{3}{2}$

6-2 (1) $y=3x$ (2) -2

7-1 (1) $y=-\frac{3}{5}x$ (2) -3

7-2 (1) $y=\frac{1}{4}x$ (2) $-\frac{1}{2}$

1-2 $y=ax$에 $x=-1, y=3$을 대입하면
$$3=a \times (-1) \qquad \therefore a=-3$$
$y=-3x$에 $x=b, y=15$를 대입하면
$$15=-3 \times b \qquad \therefore b=-5$$

2-1 $y=ax$에 $x=3, y=-1$을 대입하면
$$-1=a \times 3 \qquad \therefore a=-\frac{1}{3}$$
$y=-\frac{1}{3}x$에 $x=b, y=-2$를 대입하면
$$-2=-\frac{1}{3} \times b \qquad \therefore b=6$$

2-2 $y=ax$에 $x=6, y=3$을 대입하면
$$3=a \times 6 \qquad \therefore a=\frac{1}{2}$$
$y=\frac{1}{2}x$에 $x=b, y=-5$를 대입하면
$$-5=\frac{1}{2} \times b \qquad \therefore b=-10$$

3-1 $y=ax$에 $x=1, y=1$을 대입하면
$$1=a \times 1 \qquad \therefore a=1$$
$y=x$에 $x=-3, y=b$를 대입하면
$$b=-3$$

3-2 $y=ax$에 $x=3, y=1$을 대입하면
$$1=a \times 3 \qquad \therefore a=\frac{1}{3}$$
$y=\frac{1}{3}x$에 $x=-2, y=b$를 대입하면
$$b=\frac{1}{3} \times (-2)=-\frac{2}{3}$$

4-1 $y=ax$에 $x=-2$, $y=-5$를 대입하면

$$-5=a\times(-2)\qquad\therefore a=\frac{5}{2}$$

$y=\frac{5}{2}x$에 $x=2$, $y=b$를 대입하면

$$b=\frac{5}{2}\times2=5$$

4-2 $y=ax$에 $x=4$, $y=-2$를 대입하면

$$-2=a\times4\qquad\therefore a=-\frac{1}{2}$$

$y=-\frac{1}{2}x$에 $x=-6$, $y=b$를 대입하면

$$b=-\frac{1}{2}\times(-6)=3$$

5-2 (1) 그래프가 원점을 지나는 직선이므로 그래프의 식을 $y=ax(a\neq0)$로 놓자.

이때 그래프가 점 $(2,-4)$를 지나므로

$y=ax$에 $x=2$, $y=-4$를 대입하면

$$-4=a\times2\qquad\therefore a=-2$$

따라서 그래프의 식은 $y=-2x$

(2) 그래프가 점 $(b,2)$를 지나므로

$y=-2x$에 $x=b$, $y=2$를 대입하면

$$2=-2\times b\qquad\therefore b=-1$$

6-1 (1) 그래프가 원점을 지나는 직선이므로 그래프의 식을 $y=ax(a\neq0)$로 놓자.

이때 그래프가 점 $(-3,4)$를 지나므로

$y=ax$에 $x=-3$, $y=4$를 대입하면

$$4=a\times(-3)\qquad\therefore a=-\frac{4}{3}$$

따라서 그래프의 식은 $y=-\frac{4}{3}x$

(2) 그래프가 점 $(b,-2)$를 지나므로

$y=-\frac{4}{3}x$에 $x=b$, $y=-2$를 대입하면

$$-2=-\frac{4}{3}\times b\qquad\therefore b=\frac{3}{2}$$

6-2 (1) 그래프가 원점을 지나는 직선이므로 그래프의 식을 $y=ax(a\neq0)$로 놓자.

이때 그래프가 점 $(1,3)$을 지나므로

$y=ax$에 $x=1$, $y=3$을 대입하면

$$3=a\times1\qquad\therefore a=3$$

따라서 그래프의 식은 $y=3x$

(2) 그래프가 점 $(b,-6)$을 지나므로

$y=3x$에 $x=b$, $y=-6$을 대입하면

$$-6=3\times b\qquad\therefore b=-2$$

7-1 (1) 그래프가 원점을 지나는 직선이므로 그래프의 식을 $y=ax(a\neq0)$로 놓자.

이때 그래프가 점 $(-5,3)$을 지나므로

$y=ax$에 $x=-5$, $y=3$을 대입하면

$$3=a\times(-5)\qquad\therefore a=-\frac{3}{5}$$

따라서 그래프의 식은 $y=-\frac{3}{5}x$

(2) 그래프가 점 $(5,b)$를 지나므로

$y=-\frac{3}{5}x$에 $x=5$, $y=b$를 대입하면

$$b=-\frac{3}{5}\times5=-3$$

7-2 (1) 그래프가 원점을 지나는 직선이므로 그래프의 식을 $y=ax(a\neq0)$로 놓자.

이때 그래프가 점 $(4,1)$을 지나므로

$y=ax$에 $x=4$, $y=1$을 대입하면

$$1=a\times4\qquad\therefore a=\frac{1}{4}$$

따라서 그래프의 식은 $y=\frac{1}{4}x$

(2) 그래프가 점 $(-2,b)$를 지나므로

$y=\frac{1}{4}x$에 $x=-2$, $y=b$를 대입하면

$$b=\frac{1}{4}\times(-2)=-\frac{1}{2}$$

STEP 2

기본연산 집중연습 | 13~16 p. 136 ~ p. 137

1-1 $\dfrac{2}{5}$ 1-2 $-\dfrac{2}{3}$

1-3 $\dfrac{3}{4}$ 1-4 $-\dfrac{5}{3}$

1-5 $-\dfrac{2}{5}$ 1-6 -6

2-1 $y=-4x$ 2-2 $y=x$

2-3 $y=2x$ 2-4 $y=-\dfrac{3}{5}x$

2-5 $y=\dfrac{1}{2}x$ 2-6 $y=-\dfrac{4}{3}x$

3-1 $y=2x,\ 10$ 3-2 $y=\dfrac{2}{5}x,\ -2$

3-3 $y=\dfrac{4}{3}x,\ 8$ 3-4 $y=-\dfrac{3}{2}x,\ -3$

3-5 $y=-3x,\ 9$ 3-6 $y=-\dfrac{2}{3}x,\ -6$

1-1 $y=ax$에 $x=5$, $y=2$를 대입하면

$$2=a\times5\qquad\therefore a=\frac{2}{5}$$

3. 좌표평면과 그래프 | **35**

1-2 $y=ax$에 $x=3$, $y=-2$를 대입하면

$-2=a\times3$　　$\therefore a=-\dfrac{2}{3}$

1-3 $y=ax$에 $x=-4$, $y=-3$을 대입하면

$-3=a\times(-4)$　　$\therefore a=\dfrac{3}{4}$

1-4 $y=ax$에 $x=-3$, $y=5$를 대입하면

$5=a\times(-3)$　　$\therefore a=-\dfrac{5}{3}$

1-5 $y=ax$에 $x=-5$, $y=2$를 대입하면

$2=a\times(-5)$　　$\therefore a=-\dfrac{2}{5}$

1-6 $y=ax$에 $x=1$, $y=-6$을 대입하면

$-6=a\times1$　　$\therefore a=-6$

2-1 그래프가 원점을 지나는 직선이므로 그래프의 식을 $y=ax(a\neq0)$로 놓자.

이때 그래프가 점 $(1,-4)$를 지나므로

$y=ax$에 $x=1$, $y=-4$를 대입하면

$-4=a\times1$　　$\therefore a=-4$

따라서 그래프의 식은 $y=-4x$

2-2 그래프가 원점을 지나는 직선이므로 그래프의 식을 $y=ax(a\neq0)$로 놓자.

이때 그래프가 점 $(3,3)$을 지나므로

$y=ax$에 $x=3$, $y=3$을 대입하면

$3=a\times3$　　$\therefore a=1$

따라서 그래프의 식은 $y=x$

2-3 그래프가 원점을 지나는 직선이므로 그래프의 식을 $y=ax(a\neq0)$로 놓자.

이때 그래프가 점 $(2,4)$를 지나므로

$y=ax$에 $x=2$, $y=4$를 대입하면

$4=a\times2$　　$\therefore a=2$

따라서 그래프의 식은 $y=2x$

2-4 그래프가 원점을 지나는 직선이므로 그래프의 식을 $y=ax(a\neq0)$로 놓자.

이때 그래프가 점 $(-5,3)$을 지나므로

$y=ax$에 $x=-5$, $y=3$을 대입하면

$3=a\times(-5)$　　$\therefore a=-\dfrac{3}{5}$

따라서 그래프의 식은 $y=-\dfrac{3}{5}x$

2-5 그래프가 원점을 지나는 직선이므로 그래프의 식을 $y=ax(a\neq0)$로 놓자.

이때 그래프가 점 $(-4,-2)$를 지나므로

$y=ax$에 $x=-4$, $y=-2$를 대입하면

$-2=a\times(-4)$　　$\therefore a=\dfrac{1}{2}$

따라서 그래프의 식은 $y=\dfrac{1}{2}x$

2-6 그래프가 원점을 지나는 직선이므로 그래프의 식을 $y=ax(a\neq0)$로 놓자.

이때 그래프가 점 $(3,-4)$를 지나므로

$y=ax$에 $x=3$, $y=-4$를 대입하면

$-4=a\times3$　　$\therefore a=-\dfrac{4}{3}$

따라서 그래프의 식은 $y=-\dfrac{4}{3}x$

3-1 그래프가 원점을 지나는 직선이므로 그래프의 식을 $y=ax(a\neq0)$로 놓자.

이때 그래프가 점 $(-2,-4)$를 지나므로

$y=ax$에 $x=-2$, $y=-4$를 대입하면

$-4=a\times(-2)$　　$\therefore a=2$

따라서 그래프의 식은 $y=2x$

또 그래프가 점 $(5,b)$를 지나므로

$y=2x$에 $x=5$, $y=b$를 대입하면

$b=2\times5=10$

3-2 그래프가 원점을 지나는 직선이므로 그래프의 식을 $y=ax(a\neq0)$로 놓자.

이때 그래프가 점 $(5,2)$를 지나므로

$y=ax$에 $x=5$, $y=2$를 대입하면

$2=a\times5$　　$\therefore a=\dfrac{2}{5}$

따라서 그래프의 식은 $y=\dfrac{2}{5}x$

또 그래프가 점 $(-5,b)$를 지나므로

$y=\dfrac{2}{5}x$에 $x=-5$, $y=b$를 대입하면

$b=\dfrac{2}{5}\times(-5)=-2$

3-3 그래프가 원점을 지나는 직선이므로 그래프의 식을 $y=ax(a\neq0)$로 놓자.

이때 그래프가 점 $(-3,-4)$를 지나므로

$y=ax$에 $x=-3$, $y=-4$를 대입하면

$-4=a\times(-3)$　　$\therefore a=\dfrac{4}{3}$

따라서 그래프의 식은 $y=\dfrac{4}{3}x$

또 그래프가 점 $(6, b)$를 지나므로

$y=\dfrac{4}{3}x$에 $x=6, y=b$를 대입하면

$b=\dfrac{4}{3}\times 6=8$

3-4 그래프가 원점을 지나는 직선이므로 그래프의 식을
$y=ax(a\neq 0)$로 놓자.

이때 그래프가 점 $(-4, 6)$을 지나므로

$y=ax$에 $x=-4, y=6$을 대입하면

$6=a\times(-4)$ $\therefore a=-\dfrac{3}{2}$

따라서 그래프의 식은 $y=-\dfrac{3}{2}x$

또 그래프가 점 $(2, b)$를 지나므로

$y=-\dfrac{3}{2}x$에 $x=2, y=b$를 대입하면

$b=-\dfrac{3}{2}\times 2=-3$

3-5 그래프가 원점을 지나는 직선이므로 그래프의 식을
$y=ax(a\neq 0)$로 놓자.

이때 그래프가 점 $(2, -6)$을 지나므로

$y=ax$에 $x=2, y=-6$을 대입하면

$-6=a\times 2$ $\therefore a=-3$

따라서 그래프의 식은 $y=-3x$

또 그래프가 점 $(-3, b)$를 지나므로

$y=-3x$에 $x=-3, y=b$를 대입하면

$b=-3\times(-3)=9$

3-6 그래프가 원점을 지나는 직선이므로 그래프의 식을
$y=ax(a\neq 0)$로 놓자.

이때 그래프가 점 $(3, -2)$를 지나므로

$y=ax$에 $x=3, y=-2$를 대입하면

$-2=a\times 3$ $\therefore a=-\dfrac{2}{3}$

따라서 그래프의 식은 $y=-\dfrac{2}{3}x$

또 그래프가 점 $(b, 4)$를 지나므로

$y=-\dfrac{2}{3}x$에 $x=b, y=4$를 대입하면

$4=-\dfrac{2}{3}\times b$ $\therefore b=-6$

17 반비례 관계   p. 138 ~ p. 140

1-1 (1) 18, 12, 9 (2) 반비례, 36, 36

1-2 (1) 20, 10, 5, 4 (2) $y=\dfrac{20}{x}$

2-1 (1) 600, 300, 200, 150 (2) $y=\dfrac{600}{x}$

2-2 (1) 12, 6, 4, 3 (2) $y=\dfrac{120}{x}$

3-1 10   **3-2** $y=\dfrac{100}{x}$

4-1 $y=\dfrac{400}{x}$ **4-2** $y=\dfrac{24}{x}$

5-1 $y=\dfrac{100}{x}$ **5-2** $y=\dfrac{50}{x}$

6-1 $y=\dfrac{1}{x}$ **6-2** $y=\dfrac{30}{x}$

7-1 $y=\dfrac{360}{x}$ **7-2** $y=\dfrac{300}{x}$

8-1 ○   **8-2** ×

9-1 ×   **9-2** ○

10-1 ×   **10-2** ○

11-1 6, 6   **11-2** $y=-\dfrac{5}{x}$

12-1 $y=-\dfrac{24}{x}$ **12-2** $y=\dfrac{10}{x}$

1-2 (2) $xy=20$이므로 x와 y 사이의 관계식은 $y=\dfrac{20}{x}$이다.

2-1 (2) $xy=600$이므로 x와 y 사이의 관계식은 $y=\dfrac{600}{x}$이다.

2-2 (2) $xy=120$이므로 x와 y 사이의 관계식은 $y=\dfrac{120}{x}$이다.

3-2 (시간)$=\dfrac{(거리)}{(속력)}$이므로 $y=\dfrac{100}{x}$

4-1 (삼각형의 넓이)$=\dfrac{1}{2}\times($밑변의 길이$)\times($높이$)$이므로

$200=\dfrac{1}{2}\times x\times y$ $\therefore y=\dfrac{400}{x}$

4-2 (평행사변형의 넓이)$=($밑변의 길이$)\times($높이$)$이므로

$24=x\times y$ $\therefore y=\dfrac{24}{x}$

11-2 y가 x에 반비례하므로 관계식을 $y=\dfrac{a}{x}$로 놓고

$x=1, y=-5$를 대입하면

$-5=\dfrac{a}{1}$ $\therefore a=-5$, 즉 $y=-\dfrac{5}{x}$

12-1 y가 x에 반비례하므로 관계식을 $y=\dfrac{a}{x}$로 놓고

$x=-3$, $y=8$을 대입하면

$8=\dfrac{a}{-3}$ $\therefore a=-24$, 즉 $y=-\dfrac{24}{x}$

12-2 y가 x에 반비례하므로 관계식을 $y=\dfrac{a}{x}$로 놓고

$x=-5$, $y=-2$를 대입하면

$-2=\dfrac{a}{-5}$ $\therefore a=10$, 즉 $y=\dfrac{10}{x}$

18 반비례 관계의 그래프 그리기
p. 141 ~ p. 142

1-1 (1) $-1, -2, -4, 4, 2, 1$ **1-2** (1) $1, 2, 4, -4, -2, -1$
(2), (3)

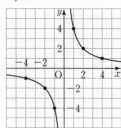

(2), (3)

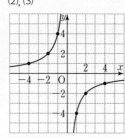

2-1 (1) $-1, -2, -4, -8,$ **2-2** (1) $1, 2, 4, 8,$
      $8, 4, 2, 1$ $-8, -4, -2, -1$
(2)

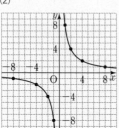

(2)

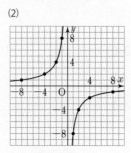

3-1 (1) $-1, -2, -5, -10,$ **3-2** (1) $1, 2, 5, 10,$
      $10, 5, 2, 1$ $-10, -5, -2, -1$
(2)

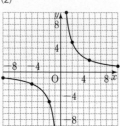

(2)

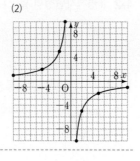

19 반비례 관계의 그래프의 성질
p. 143 ~ p. 145

1-1

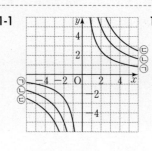

1-2

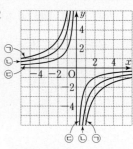

(1) ㉠, ㉡, ㉢   (1) ㉠, ㉡, ㉢
(2) ㉠, ㉡, ㉢   (2) ㉠, ㉡, ㉢
(3) ㉠   (3) ㉢

2-1 연구 1, 3, 감소	**2-2** 1, 3, 감소
3-1 2, 4, 증가	**3-2** 2, 4, 증가
4-1 1, 3, 감소	**4-2** 2, 4, 증가
5-1 2, 4, 증가	**5-2** 1, 3, 감소
6-1 1, 3, 감소	**6-2** 2, 4, 증가
7-1 2, 4, 증가	**7-2** 1, 3, 감소

8-1 (1) ◯ (2) × (3) ◯ (4) ×
8-2 (1) ◯ (2) × (3) × (4) ◯
9-1 (1) ◯ (2) ◯ (3) × (4) ◯
9-2 (1) ◯ (2) ◯ (3) × (4) ×

8-1 (2) 원점을 지나지 않는다.
     (4) $18>0$이므로 $x<0$일 때, x의 값이 증가하면 y의 값은
         감소한다.

8-2 (2) 원점을 지나지 않는다.
     (4) $9>0$이므로 제1사분면과 제3사분면을 지난다.

9-1 (3) 원점을 지나지 않는다.

9-2 (3) $-20<0$이므로 $x>0$일 때, x의 값이 증가하면 y의
         값도 증가한다.
     (4) $-20<0$이므로 제2사분면과 제4사분면을 지난다.

기본연산 집중연습 | 17~19
p. 146 ~ p. 147

1-1 $1, 2, 3, 6,$
$-6, -3, -2, -1$

1-2 $-2, -3, -4, -6,$
$6, 4, 3, 2$

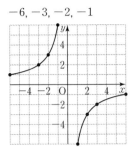
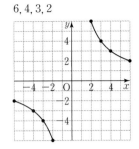

2-1 (1) ○ (2) × (3) ○ (4) ×

2-2 (1) × (2) ○ (3) × (4) ○

3 필기도구

2-1 (2) $16 > 0$이므로 제1사분면과 제3사분면을 지난다.

(4) 원점을 지나지 않는 한 쌍의 곡선이다.

2-2 (1) $y = -\dfrac{8}{x}$에 $x = 2, y = 4$를 대입하면

$$4 \neq -\dfrac{8}{2}$$

따라서 그래프는 점 $(2, 4)$를 지나지 않는다.

(3) $-8 < 0$이므로 각 사분면에서 x의 값이 증가하면 y의 값도 증가한다.

3

$y = \dfrac{60}{x}$	$y = 3x$	$y = 1000x$ → 책
$y = 7x$	$y = 5x$	$y = \dfrac{160}{x}$ → 자전거
$y = \dfrac{50}{x}$	$y = \dfrac{5}{x}$	$y = \dfrac{40}{x}$ → 필기도구

휴대폰   지갑   안경

20 반비례 관계의 그래프 위의 점
p. 148

1-1 2 **1-2** -10

2-1 $\dfrac{3}{2}$ **2-2** -4

3-1 -2 **3-2** -2

4-1 -3 **4-2** 3

1-1 $y = \dfrac{10}{x}$에 $x = 5, y = a$를 대입하면

$$a = \dfrac{10}{5} = 2$$

1-2 $y = -\dfrac{10}{x}$에 $x = 1, y = a$를 대입하면

$$a = -\dfrac{10}{1} = -10$$

2-1 $y = -\dfrac{6}{x}$에 $x = -4, y = a$를 대입하면

$$a = -\dfrac{6}{-4} = \dfrac{3}{2}$$

2-2 $y = \dfrac{8}{x}$에 $x = -2, y = a$를 대입하면

$$a = \dfrac{8}{-2} = -4$$

3-1 $y = -\dfrac{2}{x}$에 $x = a, y = 1$을 대입하면

$$1 = -\dfrac{2}{a} \qquad \therefore a = -2$$

3-2 $y = \dfrac{4}{x}$에 $x = a, y = -2$를 대입하면

$$-2 = \dfrac{4}{a} \qquad \therefore a = -2$$

4-1 $y = -\dfrac{15}{x}$에 $x = a, y = 5$를 대입하면

$$5 = -\dfrac{15}{a} \qquad \therefore a = -3$$

4-2 $y = \dfrac{9}{x}$에 $x = a, y = 3$을 대입하면

$$3 = \dfrac{9}{a} \qquad \therefore a = 3$$

21 반비례 관계의 그래프의 식 구하기 ⑴ p. 149

1-1 12		**1-2** 15	
2-1 -16		**2-2** -24	
3-1 -14		**3-2** -24	
4-1 -20		**4-2** -12	
5-1 30		**5-2** 5	

- - - - - - - - - -

1-2 $y=\dfrac{a}{x}$에 $x=5$, $y=3$을 대입하면

$$3=\dfrac{a}{5} \quad \therefore a=15$$

2-1 $y=\dfrac{a}{x}$에 $x=-4$, $y=4$를 대입하면

$$4=\dfrac{a}{-4} \quad \therefore a=-16$$

2-2 $y=\dfrac{a}{x}$에 $x=4$, $y=-6$을 대입하면

$$-6=\dfrac{a}{4} \quad \therefore a=-24$$

3-1 $y=\dfrac{a}{x}$에 $x=-2$, $y=7$을 대입하면

$$7=\dfrac{a}{-2} \quad \therefore a=-14$$

3-2 $y=\dfrac{a}{x}$에 $x=-8$, $y=3$을 대입하면

$$3=\dfrac{a}{-8} \quad \therefore a=-24$$

4-1 $y=\dfrac{a}{x}$에 $x=-5$, $y=4$를 대입하면

$$4=\dfrac{a}{-5} \quad \therefore a=-20$$

4-2 $y=\dfrac{a}{x}$에 $x=6$, $y=-2$를 대입하면

$$-2=\dfrac{a}{6} \quad \therefore a=-12$$

5-1 $y=\dfrac{a}{x}$에 $x=-6$, $y=-5$를 대입하면

$$-5=\dfrac{a}{-6} \quad \therefore a=30$$

5-2 $y=\dfrac{a}{x}$에 $x=-1$, $y=-5$를 대입하면

$$-5=\dfrac{a}{-1} \quad \therefore a=5$$

22 반비례 관계의 그래프의 식 구하기 ⑵ p. 150 ~ p. 151

1-1 3, 3, 3		**1-2** -3	
2-1 12		**2-2** -12	
3-1 2, 5, 10, $y=\dfrac{10}{x}$		**3-2** $y=-\dfrac{10}{x}$	
4-1 $y=-\dfrac{8}{x}$		**4-2** $y=\dfrac{8}{x}$	
5-1 $y=\dfrac{12}{x}$		**5-2** $y=-\dfrac{12}{x}$	

- - - - - - - - - -

1-2 그래프가 점 $(1, -3)$을 지나므로

$y=\dfrac{a}{x}$에 $x=1$, $y=-3$을 대입하면

$$-3=\dfrac{a}{1} \quad \therefore a=-3$$

2-1 그래프가 점 $(-6, -2)$를 지나므로

$y=\dfrac{a}{x}$에 $x=-6$, $y=-2$를 대입하면

$$-2=\dfrac{a}{-6} \quad \therefore a=12$$

2-2 그래프가 점 $(-6, 2)$를 지나므로

$y=\dfrac{a}{x}$에 $x=-6$, $y=2$를 대입하면

$$2=\dfrac{a}{-6} \quad \therefore a=-12$$

3-2 그래프가 한 쌍의 매끄러운 곡선이므로 그래프의 식을 $y=\dfrac{a}{x}(a\neq0)$로 놓자.

이때 그래프가 점 $(-2, 5)$를 지나므로

$y=\dfrac{a}{x}$에 $x=-2$, $y=5$를 대입하면

$$5=\dfrac{a}{-2} \quad \therefore a=-10$$

따라서 그래프의 식은 $y=-\dfrac{10}{x}$

4-1 그래프가 한 쌍의 매끄러운 곡선이므로 그래프의 식을 $y=\dfrac{a}{x}(a\neq0)$로 놓자.

이때 그래프가 점 $(4, -2)$를 지나므로

$y=\dfrac{a}{x}$에 $x=4$, $y=-2$를 대입하면

$$-2=\dfrac{a}{4} \quad \therefore a=-8$$

따라서 그래프의 식은 $y=-\dfrac{8}{x}$

4-2 그래프가 한 쌍의 매끄러운 곡선이므로 그래프의 식을 $y=\dfrac{a}{x}(a\neq0)$로 놓자.

이때 그래프가 점 $(2, 4)$를 지나므로

$y=\dfrac{a}{x}$에 $x=2$, $y=4$를 대입하면

$4=\dfrac{a}{2}$ $\therefore a=8$

따라서 그래프의 식은 $y=\dfrac{8}{x}$

5-1 그래프가 한 쌍의 매끄러운 곡선이므로 그래프의 식을

$y=\dfrac{a}{x}\,(a\neq 0)$로 놓자.

이때 그래프가 점 $(-4, -3)$을 지나므로

$y=\dfrac{a}{x}$에 $x=-4$, $y=-3$을 대입하면

$-3=\dfrac{a}{-4}$ $\therefore a=12$

따라서 그래프의 식은 $y=\dfrac{12}{x}$

5-2 그래프가 한 쌍의 매끄러운 곡선이므로 그래프의 식을

$y=\dfrac{a}{x}\,(a\neq 0)$로 놓자.

이때 그래프가 점 $(3, -4)$를 지나므로

$y=\dfrac{a}{x}$에 $x=3$, $y=-4$를 대입하면

$-4=\dfrac{a}{3}$ $\therefore a=-12$

따라서 그래프의 식은 $y=-\dfrac{12}{x}$

23 반비례 관계의 그래프의 식 구하기 (3)
p. 152 ~ p. 153

1-1 $6, 6, 6, 6, -2$　　**1-2** $4, -2$

2-1 $-10, -1$　　**2-2** $24, 3$

3-1 $-12, -3$　　**3-2** $18, 3$

4-1 $15, 5$　　**4-2** $-14, -2$

5-1 (1) $-12, -12$ (2) $-12, -6$

5-2 (1) $y=\dfrac{12}{x}$ (2) -6

6-1 (1) $y=\dfrac{8}{x}$ (2) -4

6-2 (1) $y=-\dfrac{8}{x}$ (2) -4

7-1 (1) $y=\dfrac{6}{x}$ (2) -1

7-2 (1) $y=-\dfrac{6}{x}$ (2) $\dfrac{3}{2}$

1-2 $y=\dfrac{a}{x}$에 $x=-4$, $y=-1$을 대입하면

$-1=\dfrac{a}{-4}$ $\therefore a=4$

$y=\dfrac{4}{x}$에 $x=b$, $y=-2$를 대입하면

$-2=\dfrac{4}{b}$ $\therefore b=-2$

2-1 $y=\dfrac{a}{x}$에 $x=5$, $y=-2$를 대입하면

$-2=\dfrac{a}{5}$ $\therefore a=-10$

$y=-\dfrac{10}{x}$에 $x=b$, $y=10$을 대입하면

$10=-\dfrac{10}{b}$ $\therefore b=-1$

2-2 $y=\dfrac{a}{x}$에 $x=12$, $y=2$를 대입하면

$2=\dfrac{a}{12}$ $\therefore a=24$

$y=\dfrac{24}{x}$에 $x=b$, $y=8$을 대입하면

$8=\dfrac{24}{b}$ $\therefore b=3$

3-1 $y=\dfrac{a}{x}$에 $x=-12$, $y=1$을 대입하면

$1=\dfrac{a}{-12}$ $\therefore a=-12$

$y=-\dfrac{12}{x}$에 $x=4$, $y=b$를 대입하면

$b=-\dfrac{12}{4}=-3$

3-2 $y=\dfrac{a}{x}$에 $x=-9$, $y=-2$를 대입하면

$-2=\dfrac{a}{-9}$ $\therefore a=18$

$y=\dfrac{18}{x}$에 $x=6$, $y=b$를 대입하면

$b=\dfrac{18}{6}=3$

4-1 $y=\dfrac{a}{x}$에 $x=2$, $y=\dfrac{15}{2}$를 대입하면

$\dfrac{15}{2}=\dfrac{a}{2}$ $\therefore a=15$

$y=\dfrac{15}{x}$에 $x=3$, $y=b$를 대입하면

$b=\dfrac{15}{3}=5$

4-2 $y=\dfrac{a}{x}$에 $x=-4$, $y=\dfrac{7}{2}$을 대입하면

$\dfrac{7}{2}=\dfrac{a}{-4}$ $\therefore a=-14$

$y=-\dfrac{14}{x}$에 $x=7$, $y=b$를 대입하면

$b=-\dfrac{14}{7}=-2$

5-2 (1) 그래프가 한 쌍의 매끄러운 곡선이므로 그래프의 식을

$y=\dfrac{a}{x}\,(a\neq 0)$로 놓자.

이때 그래프가 점 $(4, 3)$을 지나므로

$y=\dfrac{a}{x}$에 $x=4$, $y=3$을 대입하면

$3=\dfrac{a}{4}$ $\therefore a=12$

따라서 그래프의 식은 $y=\dfrac{12}{x}$

(2) 그래프가 점 $(b, -2)$를 지나므로

$y=\dfrac{12}{x}$에 $x=b$, $y=-2$를 대입하면

$-2=\dfrac{12}{b}$ $\therefore b=-6$

6-1 (1) 그래프가 한 쌍의 매끄러운 곡선이므로 그래프의 식을

$y=\dfrac{a}{x}\,(a\neq0)$로 놓자.

이때 그래프가 점 $(2, 4)$를 지나므로

$y=\dfrac{a}{x}$에 $x=2$, $y=4$를 대입하면

$4=\dfrac{a}{2}$ $\therefore a=8$

따라서 그래프의 식은 $y=\dfrac{8}{x}$

(2) 그래프가 점 $(b, -2)$를 지나므로

$y=\dfrac{8}{x}$에 $x=b$, $y=-2$를 대입하면

$-2=\dfrac{8}{b}$ $\therefore b=-4$

6-2 (1) 그래프가 한 쌍의 매끄러운 곡선이므로 그래프의 식을

$y=\dfrac{a}{x}\,(a\neq0)$로 놓자.

이때 그래프가 점 $(-4, 2)$를 지나므로

$y=\dfrac{a}{x}$에 $x=-4$, $y=2$를 대입하면

$2=\dfrac{a}{-4}$ $\therefore a=-8$

따라서 그래프의 식은 $y=-\dfrac{8}{x}$

(2) 그래프가 점 $(2, b)$를 지나므로

$y=-\dfrac{8}{x}$에 $x=2$, $y=b$를 대입하면

$b=-\dfrac{8}{2}=-4$

7-1 (1) 그래프가 한 쌍의 매끄러운 곡선이므로 그래프의 식을

$y=\dfrac{a}{x}\,(a\neq0)$로 놓자.

이때 그래프가 점 $(3, 2)$를 지나므로

$y=\dfrac{a}{x}$에 $x=3$, $y=2$를 대입하면

$2=\dfrac{a}{3}$ $\therefore a=6$

따라서 그래프의 식은 $y=\dfrac{6}{x}$

(2) 그래프가 점 $(-6, b)$를 지나므로

$y=\dfrac{6}{x}$에 $x=-6$, $y=b$를 대입하면

$b=\dfrac{6}{-6}=-1$

7-2 (1) 그래프가 한 쌍의 매끄러운 곡선이므로 그래프의 식을

$y=\dfrac{a}{x}\,(a\neq0)$로 놓자.

이때 그래프가 점 $(2, -3)$을 지나므로

$y=\dfrac{a}{x}$에 $x=2$, $y=-3$을 대입하면

$-3=\dfrac{a}{2}$ $\therefore a=-6$

따라서 그래프의 식은 $y=-\dfrac{6}{x}$

(2) 그래프가 점 $(-4, b)$를 지나므로

$y=-\dfrac{6}{x}$에 $x=-4$, $y=b$를 대입하면

$b=-\dfrac{6}{-4}=\dfrac{3}{2}$

STEP 2

기본연산 집중연습 | 20~23
p. 154 ~ p. 155

1-1	10	**1-2**	-8
1-3	-2	**1-4**	-2
1-5	-3	**1-6**	8
2-1	$y=\dfrac{9}{x}$	**2-2**	$y=-\dfrac{2}{x}$
2-3	$y=\dfrac{10}{x}$	**2-4**	$y=-\dfrac{8}{x}$
2-5	$y=\dfrac{14}{x}$	**2-6**	$y=-\dfrac{18}{x}$
3-1	$y=\dfrac{24}{x},\ 12$	**3-2**	$y=-\dfrac{3}{x},\ -\dfrac{3}{2}$
3-3	$y=-\dfrac{14}{x},\ -14$	**3-4**	$y=\dfrac{1}{x},\ -\dfrac{1}{2}$
3-5	$y=-\dfrac{10}{x},\ 5$	**3-6**	$y=-\dfrac{12}{x},\ 2$

1-1 $y=\dfrac{a}{x}$에 $x=2$, $y=5$를 대입하면

$5=\dfrac{a}{2}$ $\therefore a=10$

1-2 $y=\dfrac{a}{x}$에 $x=8$, $y=-1$을 대입하면

$-1=\dfrac{a}{8}$ $\therefore a=-8$

1-3 $y=\dfrac{a}{x}$에 $x=3$, $y=-\dfrac{2}{3}$를 대입하면

$-\dfrac{2}{3}=\dfrac{a}{3}$ $\therefore a=-2$

1-4 $y=\dfrac{a}{x}$에 $x=-2$, $y=1$을 대입하면

$$1=\dfrac{a}{-2} \qquad \therefore a=-2$$

1-5 $y=\dfrac{a}{x}$에 $x=3$, $y=-1$을 대입하면

$$-1=\dfrac{a}{3} \qquad \therefore a=-3$$

1-6 $y=\dfrac{a}{x}$에 $x=-2$, $y=-4$를 대입하면

$$-4=\dfrac{a}{-2} \qquad \therefore a=8$$

2-1 그래프가 한 쌍의 매끄러운 곡선이므로 그래프의 식을 $y=\dfrac{a}{x}\,(a\neq0)$로 놓자.

이때 그래프가 점 $(3,3)$을 지나므로

$y=\dfrac{a}{x}$에 $x=3$, $y=3$을 대입하면

$$3=\dfrac{a}{3} \qquad \therefore a=9$$

따라서 그래프의 식은 $y=\dfrac{9}{x}$

2-2 그래프가 한 쌍의 매끄러운 곡선이므로 그래프의 식을 $y=\dfrac{a}{x}\,(a\neq0)$로 놓자.

이때 그래프가 점 $(1,-2)$를 지나므로

$y=\dfrac{a}{x}$에 $x=1$, $y=-2$를 대입하면

$$-2=\dfrac{a}{1} \qquad \therefore a=-2$$

따라서 그래프의 식은 $y=-\dfrac{2}{x}$

2-3 그래프가 한 쌍의 매끄러운 곡선이므로 그래프의 식을 $y=\dfrac{a}{x}\,(a\neq0)$로 놓자.

이때 그래프가 점 $(-5,-2)$를 지나므로

$y=\dfrac{a}{x}$에 $x=-5$, $y=-2$를 대입하면

$$-2=\dfrac{a}{-5} \qquad \therefore a=10$$

따라서 그래프의 식은 $y=\dfrac{10}{x}$

2-4 그래프가 한 쌍의 매끄러운 곡선이므로 그래프의 식을 $y=\dfrac{a}{x}\,(a\neq0)$로 놓자.

이때 그래프가 점 $(-4,2)$를 지나므로

$y=\dfrac{a}{x}$에 $x=-4$, $y=2$를 대입하면

$$2=\dfrac{a}{-4} \qquad \therefore a=-8$$

따라서 그래프의 식은 $y=-\dfrac{8}{x}$

2-5 그래프가 한 쌍의 매끄러운 곡선이므로 그래프의 식을 $y=\dfrac{a}{x}\,(a\neq0)$로 놓자.

이때 그래프가 점 $(-7,-2)$를 지나므로

$y=\dfrac{a}{x}$에 $x=-7$, $y=-2$를 대입하면

$$-2=\dfrac{a}{-7} \qquad \therefore a=14$$

따라서 그래프의 식은 $y=\dfrac{14}{x}$

2-6 그래프가 한 쌍의 매끄러운 곡선이므로 그래프의 식을 $y=\dfrac{a}{x}\,(a\neq0)$로 놓자.

이때 그래프가 점 $(6,-3)$을 지나므로

$y=\dfrac{a}{x}$에 $x=6$, $y=-3$을 대입하면

$$-3=\dfrac{a}{6} \qquad \therefore a=-18$$

따라서 그래프의 식은 $y=-\dfrac{18}{x}$

3-1 그래프가 한 쌍의 매끄러운 곡선이므로 그래프의 식을 $y=\dfrac{a}{x}\,(a\neq0)$로 놓자.

이때 그래프가 점 $(-6,-4)$를 지나므로

$y=\dfrac{a}{x}$에 $x=-6$, $y=-4$를 대입하면

$$-4=\dfrac{a}{-6} \qquad \therefore a=24$$

따라서 그래프의 식은 $y=\dfrac{24}{x}$

또 그래프가 점 $(2,b)$를 지나므로

$y=\dfrac{24}{x}$에 $x=2$, $y=b$를 대입하면

$$b=\dfrac{24}{2}=12$$

3-2 그래프가 한 쌍의 매끄러운 곡선이므로 그래프의 식을 $y=\dfrac{a}{x}\,(a\neq0)$로 놓자.

이때 그래프가 점 $(-3, 1)$을 지나므로

$y=\dfrac{a}{x}$에 $x=-3$, $y=1$을 대입하면

$1=\dfrac{a}{-3}$ $\therefore a=-3$

따라서 그래프의 식은 $y=-\dfrac{3}{x}$

또 그래프가 점 $(2, b)$를 지나므로

$y=-\dfrac{3}{x}$에 $x=2$, $y=b$를 대입하면

$b=-\dfrac{3}{2}$

3-3 그래프가 한 쌍의 매끄러운 곡선이므로 그래프의 식을
$y=\dfrac{a}{x}(a\ne0)$로 놓자.

이때 그래프가 점 $(-7, 2)$를 지나므로

$y=\dfrac{a}{x}$에 $x=-7$, $y=2$를 대입하면

$2=\dfrac{a}{-7}$ $\therefore a=-14$

따라서 그래프의 식은 $y=-\dfrac{14}{x}$

또 그래프가 점 $(1, b)$를 지나므로

$y=-\dfrac{14}{x}$에 $x=1$, $y=b$를 대입하면

$b=-\dfrac{14}{1}=-14$

3-4 그래프가 한 쌍의 매끄러운 곡선이므로 그래프의 식을
$y=\dfrac{a}{x}(a\ne0)$로 놓자.

이때 그래프가 점 $(1, 1)$을 지나므로

$y=\dfrac{a}{x}$에 $x=1$, $y=1$을 대입하면

$1=\dfrac{a}{1}$ $\therefore a=1$

따라서 그래프의 식은 $y=\dfrac{1}{x}$

또 그래프가 점 $(-2, b)$를 지나므로

$y=\dfrac{1}{x}$에 $x=-2$, $y=b$를 대입하면

$b=-\dfrac{1}{2}$

3-5 그래프가 한 쌍의 매끄러운 곡선이므로 그래프의 식을
$y=\dfrac{a}{x}(a\ne0)$로 놓자.

이때 그래프가 점 $(-2, 5)$를 지나므로

$y=\dfrac{a}{x}$에 $x=-2$, $y=5$를 대입하면

$5=\dfrac{a}{-2}$ $\therefore a=-10$

따라서 그래프의 식은 $y=-\dfrac{10}{x}$

또 그래프가 점 $(b, -2)$를 지나므로

$y=-\dfrac{10}{x}$에 $x=b$, $y=-2$를 대입하면

$-2=-\dfrac{10}{b}$ $\therefore b=5$

3-6 그래프가 한 쌍의 매끄러운 곡선이므로 그래프의 식을
$y=\dfrac{a}{x}(a\ne0)$로 놓자.

이때 그래프가 점 $(-4, 3)$을 지나므로

$y=\dfrac{a}{x}$에 $x=-4$, $y=3$을 대입하면

$3=\dfrac{a}{-4}$ $\therefore a=-12$

따라서 그래프의 식은 $y=-\dfrac{12}{x}$

또 그래프가 점 $(b, -6)$을 지나므로

$y=-\dfrac{12}{x}$에 $x=b$, $y=-6$을 대입하면

$-6=-\dfrac{12}{b}$ $\therefore b=2$

STEP 3

기본연산 테스트

p. 156 ~ p. 159

1 $\mathrm{A}(-4)$, $\mathrm{B}\left(-\dfrac{5}{2}\right)$, $\mathrm{C}(0)$, $\mathrm{D}(2)$, $\mathrm{E}\left(\dfrac{7}{2}\right)$

2

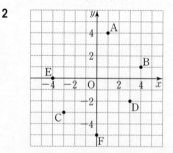

3 (1) $\mathrm{A}(2, 9)$ (2) $\mathrm{B}(5, 0)$ (3) $\mathrm{C}(0, -3)$

4

점 A : 제1사분면
점 B : 어느 사분면에도 속
하지 않는다.
점 C : 어느 사분면에도 속
하지 않는다.
점 D : 제4사분면
점 E : 제3사분면
점 F : 제2사분면

5 (1) 제2사분면 (2) 제1사분면 (3) 제3사분면
(4) 어느 사분면에도 속하지 않는다. (5) 제4사분면
(6) 어느 사분면에도 속하지 않는다.

6 ㉠—㈎, ㉡—㈐, ㉢—㈏

7 (1) 12

(2) y의 값은 0에서 12까지 일정하게 증가한다.

(3) y의 값은 12로 일정하다.

8 (1) 6, 12   (2) -4, -6, -10 (3) 15, 20, 25

9 (1) $y=700x$ (2) $y=5x$ (3) $y=60x$ (4) $y=15x$

10 (1) 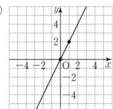   (2)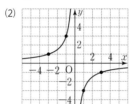

11 (1) ○ (2) × (3) × (4) ○

12 (1) $y=\dfrac{3}{2}x$ (2) $y=-\dfrac{3}{2}x$ (3) $y=\dfrac{3}{5}x$ (4) $y=-\dfrac{1}{6}x$

13 (1) 8, 4   (2) -18, -9 (3) 5, 4, 2

14 (1) $y=\dfrac{5}{x}$ (2) $y=\dfrac{60}{x}$ (3) $y=\dfrac{400}{x}$

15 (1) 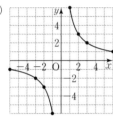   (2)

16 (1) ○ (2) × (3) × (4) ○

17 (1) $y=\dfrac{3}{x}$ (2) $y=-\dfrac{5}{x}$ (3) $y=\dfrac{6}{x}$ (4) $y=-\dfrac{8}{x}$

---

7 (1) x좌표가 5인 점의 좌표는 $(5,\ 12)$이므로
$x=5$일 때, y의 값은 12이다.

11 (2) 원점을 지나는 직선이다.

(3) $\dfrac{2}{5}>0$이므로 제1사분면과 제3사분면을 지난다.

16 (2) 원점을 지나지 않는다.

(3) $-16<0$이므로 $x>0$일 때, x의 값이 증가하면 y의 값도 증가한다.

메모

MEMO

단기간 고득점을 위한 2주

전략 질주

중학 전략

내신 전략 시리즈

국어/영어/수학/사회/과학

필수 개념을 꽉~ 잡아 주는 초단기 내신 대비서!

일등전략 시리즈

국어/영어/수학/사회/과학 (국어는 3주 1권 완성)

철저한 기출 분석으로 상위권 도약을 돕는 고득점 전략서!

중학 연산의 빅데이터

빅터 연산